부모들이여, 이제 집중력 결핍의 불안에서 벗어나자!

ADHD는 병이 아니다

데이비드 B. 스테인 지음 | 윤나연 옮김

전나무숲

일러두기

1. 이 책에서는 흔히 주의력결핍 과잉행동장애(Attention Deficit Hyperactivity Disorder)로 분류되는 ADHD는 '품행불량(HM, highly misbehaving)'으로, 주의력결핍장애(Attention Deficit disorder)로 분류되는 ADD는 '주의산만(IA, inattentive)'으로 바꿔 부른다. 이는 단지 증상을 가리키는 이름을 바꿔 부르기만 해도 문제행동을 받아들이는 태도가 바뀌고 이러한 증상을 병으로 낙인찍는 사회 풍토도 바뀔 것이라는 저자의 의도에 따른 것이다.

2. 이 책의 각주는 모두 편집자 주다.

"저명한 소아신경과 의사들은 ADHD 질병론에 반박한다.

미국의 연방정부기관도 이 발언에 무게를 실어주었다.

1996년 미국 마약단속국은

ADD, ADHD와 관련해 신경학적 병변이나 장애가 발견되지 않았으며

그런 주장과 일치하는 연구가 나올 수 없다고 발표했다.

심리학계와 신경정신과에서도

'병'이라는 용어의 정의를 놓고 의견 일치를 보지 못하고 있다.

정상적인 인간 행동의 범위는 폭넓고 개인마다 신체적 차이도 다양하다.

그러므로 심리학자와 신경정신과 의사들이

지금처럼 '병'이라는 단어를 함부로 써서는 안 된다.

병으로 진단하면 아이들의 몸에 강력한 화학물질을 투여하는

결과를 초래하기 때문이다.

의사들이여! 여기 대안이 있다. 진단서에 이 책의 제목을 써라.

그리고 부모와 교사들에게

이 책을 매일 저녁 잠자리에 들기 전에 읽으라고 권하라.

각성제를 먹이는 것은 아이들이 공부를 잘하고

얌전하게 행동하도록 가르치는 좋은 방법이 아니다.

한창 자라고 있는 아이들의 몸에

화학물질을 투여하는 손쉬운 처방을 내리기 전에 먼저 이 책을 읽어보라.

부모들이여! 시스템에 속지 마라. 아이를 보호하라."

— 본문에서

아이를 정말 사랑하고 제대로 키우고 싶다면

미국 신경정신학 및 심리학 국제연구센터 소장_ **피터 R. 브레긴**

요즘에는 아이 키우기가 참 어렵다. 유아교육 전문가며 교사들이 아이의 품행에 대해 이런저런 지적을 하거나 주의를 주면 부모들은 어떻게 고쳐야 할지 골치가 아프다. 아이가 학교에서 수업을 방해한다거나 주의력이 떨어진다면 어떻게 해야 할까? 집에서 아이가 얌전히 말을 잘 듣게 하려면 어떻게 해야 할까?

현대의 신경정신과학은 즉각적인 답을 알려준다. "ADHD에 걸렸으니 약을 먹이시오." 얼마나 간단한 방법인가! 그렇지만 이런 식으로는 아이의 문제를 근본적으로 해결할 수 없다. 아이를 정말 사랑하고 제대로 키우고 싶다면 이렇게 간단한 ADHD 처방약은 최대한 피해야 한다.

전문가들은 부모에게 간단한 행동수정 기술을 추천하기도 한다. 그중 하나가 보상 요법이다. 아이가 착한 일을 할 때마다 스티커나 딱지 같은 것을 주어 어느 정도 모이면 보상을 해주는 것이다. 그러나 행동조절요법은 부모와 자녀 사이의 관계를 틀어지게 할 수도 있다. 아이가 이런 방법을 하나의 조작으로 받아들일 수도 있기 때문이다.

이 책의 저자인 스테인 박사는 자녀의 '품행불량'이나 '주의산만' 때문에 골머리를 앓는 부모들이 약물요법이나 행동요법에 의존하지 않고 스스로 자녀를 교육하는 방법을 찾을 수 있도록 도와준다.

저자는 일찍이 힐러리 클린턴이 자서전에서 인용해 유명해진 아프리카 속담, "아이 한 명을 키우기 위해서는 온 마을 사람이 나서야 한다(It takes a whole village to raise a child)"는 말처럼 자녀 교육에 많은 사람들이 참여해야 한다고 강조한다. 그래서 훈련 프로그램에 아이의 조부모와 아이의 손위 형제자매를 참여시킨다.

저자는 무엇보다도 자녀를 사랑하는 마음을 중시한다. 우리의 자녀는 선물이고 보물이며 우리 손으로 진심으로 잘 돌봐야 한다는 것이다. 그러려면 무엇보다 생각을 바꾸어야 한다. 부모로서 자신을 믿어야 한다. 우리 아이는 내가 책임진다는 생각을 해야 한다. 부모가 스스로 양육 기술을 향상시키도록 노력해야 한다. 부모가 부모의 힘과 능력을 키우면 아이는 절제할 줄 알고 이성적인 인간이 될 것이다.

이러한 교육철학을 바탕으로 저자가 창안한 '부모 역할 훈련'은 아이를 이성적이고 절제할 줄 알며 사랑을 나눌 줄 아는 사람으로 키우는 데 많은 도움이 될 것이다. 또한 집중력과 자제심 등 아이의 지적 능력을 발달시키고자 하는 부모들에게 올바른 가이드라인을 제시해줄 것이다.

따뜻한 관심이 아이들을 바꾼다

포모나자연의원 대표 원장, 대한자연치료의학회 회장_ 서재걸

우리는 일상생활에서 "소화가 안 된다, 속이 안 좋다"라는 말을 흔히 한다. 이를 그럴듯하게 표현한다면 "신진대사가 안 된다"라고 할 수 있고, 좀 더 의학적인 시각에서 보자면 "대사장애가 있다"라고 할 수 있다. '장애'라는 단어가 붙으니 당장 전문의와 상담하고 약이라도 먹어야 할 것 같은 조급함이 들 수도 있을 것이다.

'대사'란 몸에 들어온 음식물을 화학반응을 통해 잘게 분해하고 흡수하는 일이다. 그럼 '대사장애'란 소화·흡수하는 과정이 원활하지 않은 상태, 즉 '소화불량'이라고 할 수 있겠다. 소화불량이라고 할 때는 별로 심각하지 않은데, 대사장애라고 하면 왠지 심각해 보인다.

ADHD도 마찬가지다. 우리말로 주의력결핍 과잉행동장애라고 부르는데, 장애라는 단어 자체가 이미 큰 병 같은 느낌을 준다. 하지만 이런 '장애'는 주관적일 수 있다는 데 큰 문제점이 있다.

한 아이가 다른 아이와 견주어 집중을 못하고 행동이 상대적으로 좀 과하다고 해서 이를 장애로 치부하면서 몰아세운다면 그 아이는 이제부터 '없던 장애'가 생기기 시작한다. 이럴 땐 환경을 바꿔주거나 정서적 적응 기간을 두면 충분히 좋아질 수 있다.

그러나 ADHD라고 낙인찍는 순간부터는 마치 약을 먹지 않으면 안 되는 아이처럼, 즉 환자처럼 살아가게 되는 경우가 많다(임신이 본인 뜻대로 잘 안 되는 사람에게 '불임 환자'라는 호칭이 붙는 순간 환자가 되는 것과 마찬가지다).

환자가 급격히 증가하면서 흔한 병이 된 당뇨도 사실은 '혈당조절능력장애'다. 면역질환도 결국 '면역조절능력장애'다. 하지만 당뇨라고 진단받으면 '당뇨약'이, 면역질환이라고 진단받으면 '스테로이드'가 치료제가 되는 게 현실이다.

ADHD는 '주의력조절능력'에 문제가 있는 것이다. 그 능력은 우리가 먹는 음식으로 만들어지는 신경전달물질들과 그 물질들의 균형으로 나타나는 것이다. 아이들이 즐겨 먹는 패스트푸드와 식품첨가물에는 신경교란물질이 많이 들어 있다. 또 밀가루 음식에는 빵을 부풀리는 글루텐이라는 성분이 들어 있어 위나 장을 정체시켜 소화장애, 역류성식도염, 변비, 아토피 등을 유발한다. 게다가 체내 화학작용으로 인해 밀가루의 당분과 단백질인 글루텐이 알코올로 변하면 곰팡이균이 과다 증식하는 환경이 만들어져 가려움증, 염증, 만성피로, 면역저하 그리고 주의력결핍장애를 일으키게 된다.

때문에 패스트푸드, 밀가루 음식, 탄산음료 등은 피하고 채소와 과일을 충분히 섭취하는 등 식생활을 개선하는 것만으로도 얼마든지 좋은 결과를 얻을 수 있다. 신경전달물질을 생성하는 데는 단백질과 비타민B군, 비타민C 등이 꼭 필요한데, 바로 유산균이 그 중간 역할을 톡톡히 한다. 올바른 식습관과 함께 비타민B군을 만들어내고 면역조절을 하는 유산균을 섭취하는 것이 기본적인 치료라 할 수 있겠다.

또 부모의 잘못된 행동도 ADHD를 악화한다. 자녀가 하는 행동이 분명 주변 사람들에게 피해를 주는 일인데도 "참 잘했어요", "아이, 예뻐!"라고 하면서 무분별하게 감싸기만 하거나, 무조건 "나쁘다"라고 나무라는 것 모두 좋지 않다. 내가 보는 환자들도 대부분 훌륭한 부모 밑에서 자랐지만 너무 철저한 교육(예를 들면 어릴 때부터 고기는 안 먹이고 유기농 채소만 먹이거나, 친구들도 지나치게 가려서 사귀게 하고 과잉보호하는 등)을 받은 자녀들 중, 특히 남자아이들에게서 ADHD와 같은 증상이 나타나는 경우를 많이 보았다.

'된다', '안 된다'라는 편 가르기 식 교육을 받고 자란 아이는 사회생활을 하면서 어떤 일을 결정할 때 혼란을 겪을 수도 있다. 이런 혼란은 자기가 받은 교육과 현실의 간극이 너무 커서 생기는 것이다. 뇌는 어떤 결정을 할 때 너무 오래 걸리고 혼란스러운 일을 제일 힘들어한다. 화를 냈는데 그 화가 나쁘다는 것을 나중에 알게 되었을 때 뇌가 받는 부담감보다, 화를 낼까 말까를 계속 고민하다가 결국 화를 내지 못하고 나중에 후회할 때 받는 부담감이 훨씬 더 큰 것이다.

뇌가 받는 부담감이 커지면 우리 몸에서는 더 많은 혈액과 영양분과 산소를 필요로 하는데, ADHD의 원인으로 알려진 전두엽에 혈류량이 줄어드는 것과 같은 맥락이다. 그렇다면 전두엽에 혈류량을 늘리는 방법이

치료라고 할 수 있겠다. 이럴 경우 운동을 하게 하면 50가지 정도의 뇌신경전달물질이 바로 나오면서 뇌 혈류량을 늘릴 수 있다.

아이를 환하게 웃게 하거나 음식물을 꼭꼭 씹어 먹게 하는 것도 치료의 한 방법이다. 웃을 때 쓰는 얼굴근육과 음식물을 꼭꼭 씹어 먹을 때 사용하는 얼굴근육이 같은데, 이 얼굴근육을 움직이면 뇌는 세로토닌이라는 뇌신경조절물질을 분비해 뇌 기능을 활성화하고 정상화한다. 때문에 잘 웃지 않는 아이라면 웃게 하는 것이, 음식물을 꼭꼭 씹어 먹지 않는 아이라면 잘 씹어 먹게 하는 것이 가장 먼저 해야 할 치료인 것이다.

마트에 갔는데 찾는 물건이 없다면 안 사게 되고, 냉장고에 먹을 게 없다면 굳이 늦은 밤에 야식을 먹는 일도 없을 것이다. 약도 마찬가지다. 약이 있다고 생각하니까 손쉬운 방법인 약을 먼저 찾게 되는 것이다. 당신의 아이에게 ADHD 증상이 있다면 '만약 약이 없다면 무엇부터 해야 할까?' 생각하라. 이것이 ADHD 치료의 핵심이다.

이 책에서는 '장애'라는 말 대신 소화불량처럼 '불량'이라는 말로 증상이 있는 아이들의 부담을 줄이는 것이 치료의 시작이라고 말한다. 절대적으로 공감하는 부분이다. 아이들의 문제를 '병'으로 보고 '약'으로 다스리려 할 것이 아니라 정성이 담긴 음식과 따뜻한 관심으로 개선하려 할 때 긍정적이고 놀라운 변화가 시작될 것이다.

산만한 창조자들

서울아산병원 울산의대 신경과 부교수, 《나쁜 뇌를 써라》의 저자_ **강동화**

뛰어난 과학자는 'ADHD 아니면 아스퍼거'라는 농담이 있다. 사람들과 잘 어울리지 못하고 실험실에만 처박혀 있고, 머리는 헝클어진 채 주위는 어지럽고 산만한 괴짜 과학자의 모습을 떠올리는 건 어려운 일이 아니다.

위대한 과학자나 예술가 중 현재의 기준으로 보면 ADHD에 어느 정도 가까운 이들이 많다. 토머스 에디슨, 앨버트 아인슈타인, 볼프강 모차르트, 에밀리 디킨슨, 에드가 앨런 포, 조지 버나드 쇼, 살바도르 달리 등이 그들이다. 예술 및 과학 분야에 두루 걸쳐 천재로 인정받는 레오나르도 다빈치도 산만한 증상을 보였다. 그는 평생 수많은 그림을 그렸지만 그중에서 완성된 그림은 17점에 불과했고, 프로젝트를 끝내지 않고 그만두기로 유명했다. 그의 후원자였던 교황 레오 10세가 다빈치를 두고 이렇게까지 말했다고 한다. "이 사람은 결코 아무것도 이루지 못할 것이다. 그는 시작도 하기 전에 끝낼 생각부터 한다."

주의력결핍(과잉행동)장애는 주의력이 부족하여 산만하고, 과잉행동과 충동성을 보이는 상태를 말한다. 과잉행동이 없는 경우 주의력결핍장애(ADD)라고만 부르기도 한다. ADHD 아동은 집중도가 떨어지므로 학력부진 아동, 문제아동 등으로 인식되어왔다.

그런데 주의력 결핍에서 '결핍'이라는 표현은 부적절하다는 주장이 제기되고 있다. 그것은 주의를 기울이는 능력이 '결핍'된 것이 아니기 때문이다. 그들은 다만 주의력을 '조절'하지 못할 뿐이다. 주의력 조절이란 쓸데없는 자극에는 주의를 팔지 않고, 중요한 자극에만 주의를 기울이는 능력이다. 그들은 주위의 사소한 것들도 지나치지 않고 일일이 주의를 기울이다 보니 어느 한 곳에 집중하기가 어려울 뿐이다. 어찌 보면 주의력 결핍이 아니라 주의력 과잉 상태라고 볼 수 있다.

또 이들은 새로운 자극을 추구하는 경향이 있다. 정신적 자극이 없는 삶을 견디기 힘들어한다. 오히려 카오스 상황에 잘 적응한다. 자신이 흥미를 느끼는 일을 만나면 동기 부여가 되어 과도하게 집중하기도 한다. 그래서 이들의 행동은 보통 사람에겐 특이하게 보인다. 실제로 이들은 매우 재미있고 재주 있는 사람들인 경우가 많은데, 다만 제도권 안에서 자신의 능력을 마음껏 펼치지 못하고 있는지도 모른다.

그렇다면 이들은 어떻게 창조적인 능력을 발휘할 수 있는 것일까? 새로운 자극은 언제나 우리의 주의를 끈다. 그러나 그 자극이 동일하게 반복되면 계속해서 우리의 주의를 끌기는 어렵다. 우리가 이미 그 자극에 익숙해졌기 때문이다. 이렇듯 더 이상 새롭지 않고 중요하지도 않은 자극을 무시할 수 있는 기능이 우리 뇌 속에 있는데, 이를 '잠재억제(latent inhibition)' 기능이라고 한다. 잠재억제 기능은 양날의 칼과도 같다. 만약 잠재억제 기능이 없다면 어떻게 될까? 우리는 무수히 반복된 자극에도 처음 본 것처럼 반응할 것이고, 세상 모든 자극에 일일이 새롭게 반응하느라 뇌는 금방 지칠 것이다. 그러나 한편으로는 이 기능 때문에 우리는 세상의 자극에 금방 지루해하고 식상해한다. 아름다운 것도 자꾸 보다 보니 다 거기서 거기 같다. 나이가 들수록 웬만해선 감동하지 못하는 것도 이 때문이다.

그런데 이 잠재억제의 정도가 사람마다 다르다. 어떤 이는 이 억제 기능이 아주 왕성하여 웬만한 자극에는 아무런 반응이 없다. 반면 어떤 이는 잠재억제 기능이 약해서 여러 번 본 것도 신선하게 느끼고 감동한다. 산만한 사람들에게는 대체로 이런 잠재억제 기능이 감소되어 있다. 그래서 이들은 아무리 사소한 일이라도 새롭게 느끼고 '열린' 마음으로 바라본다. 보통 사람들이 따분하게 생각하고 놓치는 것들을 그들은 신선한 눈길로 바라볼 수 있다. 우리가 별 생각 없이 먹는 사과 하나에서도 그들은 색깔과 질감, 감촉을 느끼고 그 사과가 자랐을 과수원을 상상하며 바라본다.

이들은 세상의 사소한 자극을 걸러내는 데 어려움을 가진 덕분에 작고 사소한 것일지라도 놓치지 않고 빠짐없이 뇌 속으로 들여보낸다. 그들의 의식 세계는 서로 무관해 보이는 생각들로 항상 가득 차 있다. 이러한 개방적이고 민감한 마음이 ADHD와 창조적 성향을 연결하는 고리 역할을 하는 것이다.

실제로 한 연구에 따르면, 여러 가지 창의성 검사에서 높은 점수를 얻은 사람들, 실제 학업이나 생활에서 뛰어난 성취를 이룬 사람들이 평범한 사람들과 견주어 잠재억제 기능이 7배나 더 '낮았다'(Peterson JB, Smith KW, Carson S. Openness and extraversion are associated with reduced latent inhibition: replication and commentary. Personality and Individual Differences 2002;33:1137-1147).

멍하니 다른 생각에 빠지는 것도 과연 쓸모없는 정신활동일까? 자신도 모른 채 멍하니 다른 생각을 할 때 자기공명영상으로 뇌 상태를 분석한 연구에 따르면, 놀랍게도 이때 전두엽이 활성화되었다. 전두엽은 장기적인 중요한 목표를 향해 미래를 계획하고 준비하는 뇌다. 더불어 '디폴트 네트워크(default network)'라 불리는 영역도 활성화되었다. 이 영역은 뇌가 특별한 과제를 수행하지 않고 쉬고 있을 때 활동하는 곳으로, 과거의 경험을 반추하고 미래를 그려보는 자기성찰의 사고를 할 때에도 작동한다.

멍하니 다른 생각하기는 정지된 정신활동이 아니다. 오히려 이때 우리 뇌는 미래의 큰 그림을 그리고 있다. 이렇게 보면 멍하니 딴생각을 할 때 떠오르는 생각이 대부분 미래와 관계 있는 것도 우연이 아니다. 또 멍하니 다른 생각을 하는 행위는 때때로 문제 해결의 원동력이 되기도 한다. 문제가 풀리지 않을 때는 문제에 매달려 있기보다는 오히려 잠시 떠나 있는 것이 해결의 실마리를 찾는 데 도움이 되곤 한다.

대부분의 사람들은 사소한 정보를 잘 걸러내고 중요한 정보에 집중하는 것이 더 효율적이고 생산적이라고 여긴다. 그러나 역설적이게도, 주의력 조절에 문제가 있는 사람들이 그렇지 않은 사람들과 견주면 훨씬 더 창의적일 수 있다. 물론 산만함이 창조성을 반드시 보장하는 것은 아니다. 산만함이 창조성으로 연결되려면 또 다른 조건이 필요하다. 마음속 가득 찬 잡음들 속에서 의미 있는 신호를 찾아낼 수 있는 분석 능력이 맞물려야 한다.

그러나 문제는 ADHD 진단이 증가하고 있다는 사실이다. 부모는 아이가 조금만 산만해 보여도 ADHD가 아닌지를 걱정한다. 특히 아동기에는 문제행동으로 보이는 특성이 더 잘 드러나기 때문에 문제 아동으로 평가받기 쉽다. ADHD 진단의 남용 가능성에 대해서는 학계에서도 이미 알려진 바가 있다. 독일의 소아정신과 의사들과 심리치료사들을 대상으로 한 연구에 따르면, ADHD의 진단 기준을 엄격하게 지키기보다는 직감이나 편견에 의존하는 경향이 있었다고 한다. 실제로 독일에서는 1989년에서 2001년 사이에 ADHD 진단이 4.8배 증가했고, 약물(리탈린) 사용으로 인한 비용은 1993년에서 2003년 사이에 9배나 늘었다(Bruchmuller K, Margraf J, Schneider S. Is ADHD diagnosed in accord with diagnostic criteria? Overdiagnosis and influence of client gender on diagnosis. Journal of Consulting and Clinical Psychology 2012; 80:128-138).

이 책의 원제는 '리탈린이 답은 아니다(Ritalin is not the answer)'인데, 번역본의 제목은 《ADHD는 병이 아니다》이다. ADHD는 과연 병일까, 병이 아닐까? 나의 대답은 '병일 수도 있고 아닐 수도 있다'이다. 왜냐하면 나는 ADHD가 누구에게는 커다란 장애가 될 수 있지만, 누구에게는 하늘이 준 선물이자 축복이 될 수도 있다고 생각하기 때문이다. 그 차이는 바로 ADHD 아동을 바라보는 가족과 사회의 시각에서 비롯된다.

비단 ADHD뿐만 아니다. 투렛증후군을 포함한 틱 장애, 난독증, 아스퍼거증후군, 간질 등 어린이에게 발생하는 여러 질병들이 창조성에 기여할 수 있는 것으로 알려져 있다. 위의 장애를 가진 창조자들을 일일이 열거하기 힘들 정도다. 그들은 그 질병에도 불구하고 위대해진 것이 아니라, 그 질병 덕택에 창조자가 된 것이다.

측두엽 간질을 앓았던 도스토옙스키가 대표적인 예다. 그는 아홉 살 때부터 발작을 시작했고 20대에 경련은 훨씬 잦아졌다. 그러나 그는 자신의 창작 활동에 간질이 영향을 미치고 있음을 스스로 알고 있었다. 그는 자신에게 일어나는 신경 발작을 글쓰기에 이용한다고 했고, 그 상태에서 평소보다 훨씬 더 많이, 더 잘 쓸 수 있다고 했다. 도스토옙스키는 측두엽 간질을 치료하기 위해 뇌 절제술을 받았을까? 그는 분명 거부했을 것이다. 영국의 여류작가인 캐런 암스트롱도 측두엽 간질로 진단받기까지 오랜 시간이 걸렸다. 30대 초반에 비로소 진단을 받으며 그녀는 그 병을 가지게 된 것을 '진정한 행복'이라고 말했다.

ADHD를 포함해 우리가 어린이와 관련된 질환을 조심스럽게 대해야 하는 까닭은, 어린이들이 어른들에 의해 일방적으로 낙인찍히거나 부모나 의사에 의해 약물복용을 강요받기도 하기 때문이다. 치료를 수용하거나 거부할 선택의 권리가 박탈되는 것이다.

이 책은 우리에게 ADHD를 바라보는 새로운 시각을 제공하는 것은 물론 ADHD로 진단받은 아동과 그들의 부모에게 긍정과 희망을 줄 것으로 믿는다.

ADHD 아이 이해하기

목동행복한아동청소년심리치료센터 심리치료사 __ 유전희

요즘 부모와 함께 상담센터를 방문하는 아이들 가운데 절반가량은 ADHD 진단을 받았거나 ADHD의 가능성을 가지고 있는 아이들이다. 이 아이들은 《정신질환 진단 및 통계 편람》의 ADHD 진단 기준에 부합하는 증상을 가지고 있고, 유치원이나 학교에서 많은 어려움을 겪는다고 토로한다. 그리고 이미 아이에게 지칠 대로 지친 부모들은 해결책을 당장 찾아주기를 원한다.

이런 아이들은 유치원·학교 생활의 어려움뿐만 아니라 인간관계(또래친구, 선생님, 부모와의 관계)에서 겪은 심리적 상처를 안고 있었다. 그러나 상담실을 찾은 부모들은 아이가 받은 상처보다는 어떻게 하면 아이가 다른 아이들처럼 규칙을 지키고, 준비물을 빼먹지 않고, 스스로 자신의 할 일을 하고, 어른들의 말을 잘 들으며, 친구와 싸우지 않을지에 더 많은 관심을 기울였다.

아이를 너무 사랑해서 아이가 잘 크기를 바라는 마음에 치료실을 찾지만 정작 아이의 장점에 대해 이야기해보자고 하면 머뭇거리는 부모들을 많이 봐왔다. 하지만 위에서 말한 것처럼 가장 중요한 것은 아이들이 받은 심리적 상처를 돌보는 것이다.

부모들은 쉽고 빠른 해결책으로 약을 찾지만 약이 아이들의 마음까지 치료해주지는 못한다. 그동안 마음의 상처를 받은 아이를 도닥여준다면 아이의 마음은 더욱 견고해질 것이며, 아이가 성장 발달할 수 있는 기반을 다질 수 있을 것이다.

마음을 치료하는 치료사로서 '아동의 문제행동에 우선하여 아이를 있는 그대로 존중하며 대하기', '아이를 바라보는 시선을 변화시켜 따뜻하고 애정 어린 관점에서 아이를 보기' 이 두 가지를 치료 방침으로 정하고 이를 전달하고자 무수히 노력해왔다. 이것을 수용한 부모는 성공적으로 아이를 다룰 수 있었던 반면 아이의 문제행동을 바로잡을 해결책만을 원했던 부모는 '우리 아이를 바꿔주지 못하는구나' 하며 치료실을 나가곤 했다.

이 책은 이러한 치료의 기본을 충실히 나타내고 있다. 또 ADHD를 바라보는 기존의 관점을 180도 뒤집는다. 제목에서도 볼 수 있듯이 이러한 관점의 변화는 획기적이며, 마치 상담을 하는 치료사들의 입장을 대변하는 것 같아 반갑기도 하다. 또한 최근 들어 ADHD가 급증하는 이유가 과연 아이들이 변해서인지, 아니면 부모가 변해서인지 생각해보게 함으로써 어른이 아이를 바라보는 관점을 바꿀 필요가 있다는 점을 깨

닿게 한다. 그리고 가장 중요한 것은 아이와 신뢰를 쌓고 아이를 긍정적
으로 바라보는 것임을 강조하고, 겉으로 드러난 문제를 해결하는 데 급
급한 약물치료보다는 원인을 근본적으로 치유하는 가장 효과적인 방안
을 제시한다.

이 책에서는 따뜻한 신뢰 관계를 바탕으로 아이를 학대하지 않고 훈육
할 수 있는 방법인 부모 역할 훈련을 자세하게 안내하고 있다. 그리고 아
이의 ADHD 증상이 양육 환경에서 비롯되므로 양육 환경을 바꾸면 아이
를 올바르게 이끌어갈 수 있다고 일관되게 주장하고 있다. 이는 ADHD
자녀를 둔 부모들과, 자녀가 ADHD라고 생각하는 많은 부모들에게 매우
반가운 소식인 동시에 부모가 자신감을 가지고 아이를 키울 수 있도록 해
준다.

이 책에서 ADHD 아동의 부모에게 권하는, 아이를 대하는 마음가짐과
부모 역할 훈련은 비단 ADHD 자녀를 둔 부모에게만 필요한 것은 아닐 것
이다. 아이를 양육하는 모든 부모가 마음속에 새겨 받아들이길 바란다.

의사들은 알려주지 않는
약물 복용의 위험성

ADD나 ADHD, 즉 주의력결핍장애나 주의력결핍 과잉행동장애로 진단받은 아동에게는 약물이 처방된다. 이런 아동의 행동이나 상태를 병으로 보기 때문에 약물로 치료하는 것이다. ADD나 ADHD 아동을 대상으로 한 행동치료 프로그램을 진행하는 사람들도 이 아이들을 병이나 장애가 있는 비정상이라고 보는 것은 마찬가지다. 그래서 지도, 유도, 제안, 달래기, 주의, 경고 등의 행동치료를 통해 아동의 행동을 교정하려고 한다.

그러나 나는 ADD, ADHD 진단을 받은 아이들이 비정상이 아니며 약물치료와 행동치료가 오히려 아이들을 의존적이고 무력하게 만들 뿐이라고 생각한다.

행동 교정 프로그램에서 자주 사용하는 토큰 경제 요법이란 것이 있다. 차트에 행동 규칙을 적어놓고 이를 지킬 때마다 체크를 하거나 별 혹은 스마일 스티커를 주어서 그런 토큰들이 어느 정도 모이면 보상을 해주는 것이다. 나는 이 토큰 경제 요법이 올바른 자녀 양육법이 아니라고 생각한다. 이러한 요법은 아이들의 무기력증을 심화할 수도 있기 때문이다.

약물은 분명 효과가 있다. 누구도 부인할 수 없는 사실이다. 사실 이 약물들은 ADD, ADHD 아동뿐만 아니라 모든 이들에게 똑같은 효과가 있다. 누구나 이 약을 먹으면 약 기운이 퍼져서 나른해진다. 아이가 학교에서 친구들의 학습 환경을 방해하거나 집에서 문제를 일으키는 행동을 하지 않길 바라는 것은 당연하다. 그러나 이러한 약물들은 단지 화학적인 억제제일 뿐이다.

주의력결핍 과잉행동장애 치료제로 쓰이는 리탈린(콘서타, 페니드 등의 다양한 이름으로 판매된다)은 가볍게 보고 넘길 약이 아니다. 리탈린은 각성제다. 마리화나보다 더 강하고 마약중독에 이르는 통로약물(gateway drug)이다. 리탈린의 주성분인 메틸페니데이트(methylphenidate, MPH)는 코카인 및 암페타민과 약리학적으로 비슷하여 남용과 중독의 위험이 큰 것으로 알려져 있다. 알약으로 된 메틸페니데이트를 잘게 부수어 코로 흡입하거나 혈관에 주사하면 코카인과 비슷한 효과를 느낄 수 있다. 도파민 수용체에 작용하는 효과는 메틸페니데이트가 코카인보다 더 크다.

리탈린의 부작용으로는 식욕 저하, 구역질, 불면증, 두통, 복통, 우울감 등이 있다. 식욕이 저하되는 부작용 때문에 심한 비만 환자에게 다이어트용으로 처방되기도 한다. 장·단기적으로 부작용이 심한데도 많은 아이들이 품행이 바르지 못하거나 학교 숙제를 제대로 안 한다는 이유로 리탈린이나 그와 비슷한 약을 처방받고 있다.

ADD와 ADHD가 병이며 약물 복용이 유일한 해결책이라는 생각은 과학적으로도 틀리고 도덕적으로도 옳지 않다. 요즘 많은 아이들이 리탈린과 같은 각성제를 복용하도록 강요받는 세태가 매우 걱정스럽다. 약을 끊어야 한다! 화학물질을 복용하지 않고 시행할 수 있는 종합적인 행동 양식 프로그램이 대안이다. 이 책에서는 그런 프로그램을 소개한다.

내가 대안으로 제시하는 부모 역할 훈련 프로그램은 ADD, ADHD 아동이 약물을 복용하지 않고도 올바르게 행동하고 자립적으로 맡은 일을 다 하고, 주의를 기울이고, 문제를 해결할 수 있도록 하는 프로그램이다.

의사이자 연구자로서 나는 지난 25년 동안 수백 명의 아이들을 상담하며 이 프로그램을 개발했다. 이 프로그램에는 차트도, 토큰도 필요 없다. 또한 이 프로그램에서는 아이를 환자가 아니라 정상적인 아이로 본다.

이 책을 통해 독자는 병원과 의사들은 이야기해주지 않는 약물 복용의 위험성과 주의산만 및 품행불량이 병이 아닌 까닭, 행동치료가 ADD와 ADHD를 사실상 영구화시킬 뿐이라는 사실, 약물의 도움 없이 아이의 품행과 사고력을 개선할 방안을 알게 될 것이다.

_ 데이비드 B. 스테인

차 례

Part 1   우리가 아이들에게 무슨 짓을 하고 있나
– ADHD에 대해 알아야 할 진실

01   부모들이여, 시스템에 속지 마라! _ 우리 아이들을 지키자   30

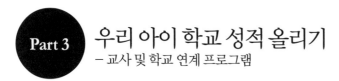

Part 3 　우리 아이 학교 성적 올리기

　　　　　　　　　– 교사 및 학교 연계 프로그램

우리가
아이들에게 무슨 짓을
하고 있나

– ADHD에 대해 알아야 할 진실 –

이
부모들이여,
시스템에 속지 마라!

우리 아이들을 지키자

여러분에게 생각할 거리를 제공하는 가상의 이야기를 들려주려 한다. 상상력을 조금 발휘해보자. 여기 두 가지 시나리오가 있다. 각 시나리오를 읽으며 그림을 그려보고 어떤 느낌이 드는지 주의 깊게 살펴보자.

■ 시나리오 #1 _ 약장수와 각성제

오전 10시, 상쾌한 아침. 당신은 초등학교 운동장에 슬슬 산책하러 나간다. 뭔가 이상한 장면이 눈에 들어온다. 운동장 한구석에 아이들이 모여 있다. 아이들 대부분이 남자애들이다. 뭔가 수상하다. 조용히 운동장을 가로질러 그 무리에 다가간다. 아이들은 여덟 살에서 열한 살 정도. 아이들이 한 남자를 둘러싸고 손을 내밀고 있다. 그 남자는 험상궂게 생겼고 팔에는 문신을 했으며 지저분한 진청색 민소매 티셔츠를 입었다. 이 사내의 오른손에는 알약으로 가득 찬 큰 병이 들려 있다. 그리고 아이들의 손에 이 알약을 부어주고 있다!

"얘들아, 이 약을 먹으면 기분이 좋아진단다. 학교에서 공부도 잘하고 선생님과 부모님들이 귀여워할 거야. 진짜란다. 내가 매일 여기 와서 이 약을 주고 너희들을 잘 보살펴줄 거란다."

아이들 몇몇을 밀어제치고 그 남자에게 다가가 병을 뺏는다. 병에는 각성제(speed)라고 쓰여 있다. 어떤 느낌이 들겠는가? 무슨 생각이 드는가? 어떻게 할 것인가? 그 남자에게 한 방 먹일 것인가? 고함을 칠 것인가? 바로 경찰을 부를 것인가?

두 번째 시나리오를 보자.

■ 시나리오 #2 _ 양호 교사와 리탈린

오전 10시, 상쾌한 아침. 당신은 초등학교에 다니는 아들을 보러 슬슬 걸어간다. 학교 건물로 들어가 교무실을 찾는다. 교무실로 가는 길에 초등학교 저학년으로 보이는 아이들이 줄을 길게 선 것이 보인다. 대부분 남자아이들이다. 줄 맨 앞에 하얀 가운을 입은 양호 교사가 있다. 알약이 든 작은 갈색 병을 흔들어서 아이들의 손에 나누어 준다.

"얘들아, 약 먹어라. 기분이 상쾌해질 거야. 수업 시간에 공부도 더 잘하고 선생님 말씀도 잘 듣게 될 거야. 의사 선생님이랑 선생님은 너희들에게 뭘 해줘야 할지 다 안단다. 우리를 믿으렴."

양호 교사의 어깨 너머로 약병을 보니 '리탈린'이라고 적혀 있다.

어떤 느낌이 드는가? 내가 무슨 말을 하려는지 감이 오는가? 학부모,

교육자, 의사는 도대체 자신들이 아이들에게 무슨 짓을 하고 있는지 알고 있는가? 중독성이 강한 약물, 즉 치료라는 명목으로 각성제를 아이들의 목구멍에 쑤셔넣고 있는 것이다.

그러나 이러한 일은 미국의 거의 모든 초등학교에서 일상적으로 일어나고 있는 현실이다. 약을 먹는 시간인 오전 10시에 미국 초등학교를 가 보면 약을 타려고 줄 서 있는 아이들을 보고 깜짝 놀랄 것이다.

여기서 우리는 오늘날 미국 사회의 거대한 모순을 확인할 수 있다. 한쪽에서는 청소년들의 마약 복용 퇴치 운동을 하면서 또 다른 한쪽에서는 치료라는 명목으로 원래는 금지하고 있는 마약과 똑같은 약을 나눠 주고 있다.

리탈린, 덱스드린, 애더럴, 벤저드린 등의 약물이 아이들의 주의산만증 치료제로 처방되고 있는데, 사실 이들 약물은 미국 정부가 스케줄Ⅱ 약물[1]로 분류한 것이다. 이는 중독성이 높으니 의사가 처방전을 쓸 때 신중해야 한다는 것을 의미한다. 스케줄Ⅱ로 분류된 약물에 대한 의사의 처방전은 정부 당국이 철저히 감시한다. 중독성이 좀 낮은 스케줄Ⅳ 리스

---

1) 미국 정부는 의학에서 사용하는 약물을 5가지 항목으로 분류하여 관리한다.

① 스케줄Ⅰ : 남용 가능성이 높고 의학적 사용이 승인되지 않은 약물. 이 부류의 약물은 일반적으로 연구용으로만 사용된다. 아편의 일부 유도체(헤로인), 마리화나, 합성 아편제, 환각제(LSD) 등이다.

② 스케줄Ⅱ : 남용 가능성이 높으나 의학적 사용이 허가된 약물. 일부 아편제제, 암페타민(ADHD 치료제의 성분이다), 합성마약류, 코카인 등이다. 응급의학에서 사용하는 약물로는 모르핀과 메페리딘(데메롤, 합성진통제, 진경제)이 있다.

③ 스케줄Ⅲ : 남용 가능성이 낮고 의학적 사용이 승인된 약물로서 일부 마약 성분을 함유한 약물이 주로 여기에 속한다. 코데인은 다른 진통제의 진통 효과를 상승시키기 위해 사용하는 일반적인 마약이다. 이 혼합물을 사용한 예는 코데인 함유 아세트나미노펜이다.

④ 스케줄Ⅳ : 남용 가능성은 낮으나 신체적·정신적 의존성을 일으킬 수 있는 약품이다. 바륨이 들어간 항우울제, 흥분제 및 진정제가 이에 속한다.

⑤ 스케줄Ⅴ : 남용 가능성이 가장 낮은 약품으로 코데인을 함유한 진해제, 아편을 함유한 지사제 등이 이에 속한다.

트에 오른 사이러트는 간 기능 장애와 연관이 있다는 사실이 밝혀져 점점 처방이 줄고 있다.

어떤 아이가 마약중독자나 알코올중독자가 될 가능성이 있는지 알아볼 수 있는 방법은 전혀 없다. 그런 것을 알아볼 심리 테스트도 없고 약물 테스트도 없다. 그러나 각성제로 분류된 약물을 복용하면 약 중독 초기 단계에 진입할 수 있고 쉽게 끊을 수도 없게 된다. 왜 이런 위험을 무릅쓰고 학부모와 교사들이 아이들에게 약을 먹이려고 안달하는지 도대체 이해할 수 없는 일이다.

카일의 사례를 통해 본
약물중독의 위험

최근 만난 상담자인 존스 여사는 마흔두 살의 싱글맘이며 열아홉 살짜리와 열한 살짜리 두 아들이 있다. 그녀는 우울증과 자책감에 시달리다 상담을 하러 왔다. 큰아들 카일은 마약 소지 및 판매로 5년 형을 받아 복역 중이다. 카일은 헤로인 중독이다.

카일은 여덟 살 때 ADD(주의력결핍장애) 판정을 받았다. 학교 성적은 중간 정도였으나 학교 선생님들은 조금만 더 노력하면 잘할 수 있다고 했다. 아이가 공상을 많이 하는 것 같다고도 했다. 그러나 집에서는 눈을 가늘게 뜨고 집중해서 현미경을 몇 시간이고 바라보았다. 암석을 수집하는 취미가 있었는데 암석을 쪼개서 결정체를 관찰했다. 카일은 사실 매우 똑똑하고 스스로 만족할 줄 아는 아이였다.

그런데도 학교 선생님들은 카일이 문제가 있다고 판단하고 회의를 소집했다. 회의에는 담당 교사, 양호 교사, 심리상담 교사, 지도교사, 교감, 카일의 어머니가 참석했다. 심리상담 교사가 카일을 테스트하기로 하고 테스트 결과가 나온 뒤 다시 회의를 열기로 결정했다.

테스트 결과 카일의 지능은 매우 높았다. 학습 장애의 조짐이 전혀 보이지 않았지만 ADD 양성 판정을 받았다. 존스 여사는 심리상담 교사에게 그렇다면 카일이 어떻게 몇 시간이고 암석 수집에 집중할 수 있는지 물어보았지만 담당 교사는 ADD는 특정 집단에게만 일어나는 병이며 ADD 아동은 즉시성 강화(immediate reinforcement)를 일으키는 행동에는 집중할 수 있다고 답했다. 무슨 말인지 이해할 수 없었지만 무례하게 보이고 싶지 않아서 카일 엄마는 더는 묻지 않았다.

학교 측에서는 카일이 약물을 복용해야 한다고 강력히 권고했다. 존스 여사는 의사와 다시 한번 상의해보았다. 의사 역시 학교 측 권고 사항이 괜찮다고 생각하고 해가 안 된다고 판단하여 즉시 처방전을 써주었고 존스 여사는 의무적으로 따랐다.

카일의 성적이 그다지 향상되지 않았지만 학교 선생님은 집중력이 좋아졌다고 통지했다. 그 후 몇 년 동안 카일은 약을 복용했고 약 없이는 학교생활을 제대로 할 수 없을 것이라고 생각하게 되었다. 카일은 계속 약을 복용하길 원했다. 학교 교사와 의사도 동의했다.

그러다가 중학교 때 학교에서 쉽게 구할 수 있는 다른 약도 시험 삼아 먹어보기 시작했고 마리화나 등 손에 잡히는 아무 알약이나 복용했다. 열다섯 살에 헤로인을 찾았고 그때부터 인생은 추락하기 시작했다.

존스 여사의 이야기를 상세히 들어보니 나는 카일이 청각 자극에 잘 반응하는 학습자라는 생각이 들었다. 즉 가르치는 것을 눈으로 보기보다는 귀로 들을 때 더 잘 습득하는 유형이다. 그것이 카일에게 맞는 학습 방법이다. 뭘 배울 때 굳이 눈을 마주치지 않고 듣기만 해도 잘 따라 배우는데 학교 당국은 아이가 집중을 하지 않는다고 오해한 것이다.

존스 여사는 학교 당국의 오해 때문에 아이에게 각성제를 먹이기 시작한 것이다. 카일의 어머니는 학교 선생님과 심리상담 교사, 의사의 말을 곧이곧대로 믿은 데다가 불쌍하게도 리탈린이 뭔지도 몰랐다. 그 탓에 존스 여사는 비극적이고 감당하기 힘든 대가를 치러야 했다.

또 존스 여사는 내게 상담하러 왔을 때 작은아들의 담당 선생님이 "자녀분이 ADD인 것 같아요"라고 말했다고 했다. 그 교사는 또 심리상담 교사에게 테스트를 받을 것을 추천했고 그래서 약물을 복용해야 할지 확인해보라고 했다. 존스 여사는 아들 주변의 그 누구라도 그따위 약을 추천한다면 고소하겠다고 말했다. 내가 작은아들의 지능지수를 검사했더니 매우 높은 수준으로 나왔다.

약물에 대한 의사들의
이중적인 태도

약물은 과연 효과가 있을까? 있다! 단 어떤 효과가 어떻게 나타나는지는 아무도 정확히 모른다. 리탈린과 같은 ADHD 치료제가 두뇌의 억제중추를 활성화시킨다는 의견이 있다. 억제중추란 행동을 둔화시키거나 멈추게 하는 두뇌의 작은 부분이다. 그런데 이 이론을 뒷받침하는 근거는 없다. 단지 가설일 뿐, 확고한 사실이 아니다.

약물을 복용하면 더 차분해지지만 처음 먹었을 때뿐이다. 모든 각성제가 다 그렇다. 특히나 주의력결핍 과잉행동장애 아동뿐만 아니라 누구에게나 그런 효과가 나타난다. 남녀노소를 불문하고 이 약을 먹으면 마음이 가라앉고 기분이 좋아지고 황홀해진다.

카페인보다 더 강한 각성제이기 때문에 리탈린을 복용하면 기운이 생기고 일에 더 잘 집중할 수 있다. 그러면 문제가 뭔가? 안전한 약이지 않은가? 절대 그렇지 않다! 중독을 비롯한 단·장기적인 부작용 등 위험 요소가 많다.

리탈린이 일으킬 수 있는 부작용은 뒤에서 더 자세히 이야기하겠다. 여기에서는 중독에 대해 간략히 짚고 넘어가겠다. 의사들은 중독을 염려할 필요가 없다고 부모들을 안심시킨다. 정말 그럴까? 다음과 같은 실험을 해보자.

의사에게 전화해서 예약한다. 진찰받을 때 무슨 일로 왔느냐고 물으면 살을 좀 빼고 싶은데 각성제가 식욕을 줄이는 효과(각성제의 부작용 중 하나임)가 뛰어나다는 말을 들었다면서 아무거나 좋으니 처방전 좀 써달라고 부탁해라. 그 약을 2, 3년 이상 복용하고 싶다고 말하는 것도 잊지 마라. 그런 다음 의사의 반응을 살펴보라.

의사는 무슨 일이 있어도 처방전을 써주지 않겠다고 할 것이다. 그런 약은 함부로 먹는 약이 아니며 매우 위험하다고 경고할 것이다. 그리고 불면증, 초조함, 과민성 위 장애, 고혈압에 심지어 파라노이아, 즉 편집증, 망상 등의 부작용을 일으킬 수 있다고 말할 것이다. 또 분명 이렇게 말할 것이다. "그것뿐만이 아닙니다. 각성제는 중독되기도 쉬워서 그런 목적으로 처방하는 것은 윤리적으로도 옳지 못합니다. 더군다나 몇 년씩 이라니요!"

생각해보라. 성인에게도 처방하지 않는 약을 아이들에게는 엄청나게 먹이려고 한다. 의사들은 이렇게 이중적인 태도를 취하며 처방전을 더욱 더 자주 써주고 있다. 미국에서는 해마다 100만 명에 가까운 아이들이 리탈린 처방을 받으며 또 다른 100만 명이 리탈린과 비슷한 각성제 처방을 받고 있다.

확산되는
약물 복용 반대 운동

최근 몇 년 사이에 주의력결핍 과잉행동장애를 보는 시각과 그것을 다루는 방식에 많은 변화가 일어났다. 주의력결핍 과잉행동장애를 병으로 보지 않는 의사들도 늘고 있다. 리탈린과 같은 약물을 아이들의 몸에 투여하는 것이 안전하지 않다는 증거가 속속들이 나오고 있다. 특정 행동을 일으키는 병은 없으며 약물치료가 정말 위험하다면, 그리고 사실 필요도 없다면 효과적인 행동요법이 그 해법이다. 내가 제안하려는 것도 약물 없이 주의력결핍 과잉행동장애를 고치는 방법이다.

주의력결핍 과잉행동장애에 대한 시각은 다음과 같이 변화해왔다.

질병기

심리학자들은 1980년대부터 주의력결핍 과잉행동장애 치료에 관심을 가지기 시작했다. 나는 이 시기를 버클리 질병기라고 부른다. 이 시기에 심리학자 러셀 버클리(Russel Barkley)가 주의력결핍 과잉행동장애는 치료할 수 있는 질병이라는 이론을 주창했기 때문이다. 질병 이론을 뒷받침하는 근거는 당시에도 없었고 오늘날도 불충분하다. 그러나 버클리는 이 '질병' 증상을 리탈린과 같은 약물치료와 행동요법을 병행하여 고칠 수 있다고 주장했다.

이러한 이론은 버클리가 1981년 펴낸 《과잉성 행동 아동 : 진단과 치료를 위한 핸드북(Hyperactive Children : Handbook for Diagnosis and Treatment)》을 통해 탄력을 받았다. 그 책에서는 한때 유행하던 토큰 경제학이라는 방법을 포함해 몇 가지 행동요법을 소개했다. 토큰 경제학이란 아이가 '착한' 행동을 하면 차트에 표시를 하거나 포커 칩을 주어서 그런 토큰이 어느 정도 모이면 상을 주는 것이다.

버클리 이론은 후에 의사인 앨런 J. 자메트킨(Alan J. Zametkin)의 연구로 뒷받침되었다. 자메트킨은 PET(Position Emission Tomography, 양전자 방출 단층촬영기)를 이용하여 뇌세포 신진대사를 스캔했다. 뇌세포 신진대사란 뇌세포가 글루코스(Glucose, 포도당)를 소모하면서 에너지를 발생시키는 것이다. PET 스캔을 하면서 뇌세포의 어느 부분에 에너지가 더 많이 발생하고 어느 부분에 적게 발생하는지 신진대사량을 비교하는 연구를 진행한 것이다.

자메트킨은 ADHD 아동이 정상 아동과 다른 패턴을 보였다고 주장했다. 그러나 그의 연구는 아동이 아니라 유년 시절 ADHD였다고 판단되는 성인을 대상으로 한 것이었다. 자메트킨의 연구 결과를 반박하는 연구원들이 많았고 특히 분석 방법 면에서 결점이 지적되었다(Breggin, 1998). 버클리와 자메트킨은 자신들의 이론을 고수했지만, 몇 년 후 자메트킨은 후속 연구를 했으나 앞선 연구 결과를 뒷받침하지 못했다고 시인했다.

피터 브레긴이 《리탈린을 다시 논하다(Talking Back to Ritalin)》(1998)에서 지적한 잘못을 인정한 것이다. 그러나 자메트킨과 버클리는 계속해서 PET 스캔 연구를 했고 똑같은 주장을 펼쳤다. 이들은 PET 스캔이 당시에 정밀한 측정기구가 아니었다는 매우 기본적인 사실을 무시했다. 정확하게 측정하지 못하는 기계를 사용하여 질병을 발견했다고 주장하는 것은 과학적이지 못하다. 이들의 주장은 200만 아동에게 각성제를 복용하게 하는 엄청난 결과를 초래했다.

자메트킨이 연구 결과를 발표한 이후로 주의산만과 운동과잉(품행불량)을 일으키는 '질병'이 뇌 또는 신경계와 관련이 있다는 주장이 생겨났다. 뇌간 장애, 미상핵 장애, 뇌량 이상, 전두엽 장애, 뇌 속 화학물질의 불균형, 전전두엽 장애, 혈청지질 불균형이 그 질병의 원인이라는 주장이 제기됐다.

내가 이렇게 전문 의학 용어를 줄줄이 늘어놓는 까닭은 아이들이 산만하고 잘 돌아다니는 이유가 이런 모호한 질환 때문이라는 주장의 허구성을 보여주기 위함이다.

의사들이 질병론을 반박하다

　제럴드 골든(Gerald Golden), 프레드 브로먼(Fred Braughman), 브레긴
과 같이 저명한 소아신경과 의사들은 질병론에 반박한다. 브로먼은 1997
년 신문에 "간단히 말해, ADD와 ADHD는 병이라고 교묘하게 꾸며낸 허
구다. 전혀 질병이 아니다"라고 기고했다. 연방정부기관도 이 발언에 무
게를 실어주었다. 1996년 미국 마약단속국은(ADD, ADHD와 관련하여) 신
경학적 병변이나 장애가 발견되지 않았으며 그런 주장과 일치하는 연구
가 나올 수 없다고 발표했다.

　심리학계와 신경정신과에서도 '병'이라는 용어의 정의를 놓고 의견 일
치를 보지 못하고 있다는 사실을 아는가? 이처럼 '병'에 대한 정의가 불분
명하기 때문에 신체적으로 조금만 이상이 생겨도 '병'이라고 부를 수 있는
여지가 생긴 것이다. 어떤 의사는 '병'이라고 하는 것을 어떤 의사는 '병'이
아니라고 할 수도 있다. 정상적인 인간 행동의 범위는 폭넓고 개인마다
신체적 차이도 다양하다. 그러므로 심리학자와 신경정신과 의사들이 지
금처럼 '병'이라는 단어를 함부로 써서는 안 된다. 병으로 진단하면 아이
들의 몸에 강력한 화학물질을 투여하는 결과를 초래하기 때문이다.

질병 진단 여부가
치료법을 결정한다

　병이라고 진단하면 치료법에 중요한 영향을 끼치기 때문에 질병이라
고 진단할 때는 신중해야 한다. 병이라고 진단을 내리면 약물치료와 행동

치료를 병행하게 된다. 병이 아니라고 진단하면 약물치료는 필요하지 않고 잘 고안된 행동요법만 시행하면 된다.

아동이 병이 있다고 진단되면 그 아동에게는 아이가 자립적으로 올바르게 행동할 수 있도록 하는 행동요법이 아니라 타인의 도움이 절대적으로 필요한 보조적인 행동 프로그램을 실시해야 한다. 내가 고안한 프로그램은 대상을 정상적인 아이라고 보고 만들었다. 그 프로그램을 살펴보기 전에 최근에 달라진 치료 방식의 변화를 우선 살펴보자.

"약물치료에서 벗어나라"

리탈린을 비롯한 기타 각성제는 20여 년간 안전하다고 여겨졌다. 그러나 이에 의문을 제기하는 증거가 나타났다. 리탈린이나 그와 비슷한 약을 먹은 지 하루나 며칠 내에 나타나는 단기성 부작용이 드러났다. 뒤에서 단기성 부작용을 상세히 다룰 것이지만 여기서 우선 몇 가지만 살펴보자면 불규칙적인 심장박동, 심박 증가, 혈압 증가, 메스꺼움, 불면증 등이 있다. 이런 증상이 나타나면 의사들은 약을 바꿔서 똑같은 시행착오를 반복한다.

더 우려스러운 것은 몇 년 후에 발현되는 부작용이며 그런 증상은 고치기 어려울 때도 있다. 이런 장기성 부작용에 대한 연구는 미미하지만 그런 증상이 나타날 수 있다는 것 자체가 위험요소다. 무엇보다도 약에 중독될 가능성이 높다. 리탈린과 같은 각성제는 마리화나보다 더 위험한 약물중독에 이르게 하는 통로 약물이다. 리탈린을 불법적으로 남용하는 10~14세 아동이 늘고 있다. 리탈린과 같은 각성제는 약물에 관한 거의 모든 문서에서 중독성이 가장 높은 약물로 분류된다.

또 지난 20여 년간 리탈린과 리탈린 유사 약물이 아동의 정상적인 신체 발육에 해를 끼쳐왔다는 주장이 제기되었다. 리탈린이나 리탈린 유사 약물을 복용하는 동안에는 정상적인 성장이 저해된다는 믿을 만한 보고서가 나왔다. 보고서에 따르면 아이들이 약을 끊자 폭발적으로 성장했다고 한다.

교육심리학자 버나드 웨이너(Bernard Weiner)는 이 시기에 약을 먹은 아이가 원래 성장할 수 있을 만큼 성장할 수 있는지는 확실하지 않다고 말한다. 중요한 발육기에 성장이 방해를 받는다면 그 피해 결과는 20~30년 후에나 알 수 있다. 이 문제를 다룬 연구는 아직까지 없다. 그러나 상식적으로 아동의 정상적인 성장 패턴을 방해하는 것은 좋지 않다.

리탈린과 같은 약들은 뇌에 영구적인 손상을 일으킬 수도 있다. 리탈린이 건강하게 기능하고 있는 면역체계를 손상시킬 수 있음을 암시하는 연구 결과도 있다. 이런 점을 봤을 때 약물치료보다 더 효과적이고 올바른 행동요법이 필요하다.

행동치료의 변화

행동치료의 변천사를 이해하기 위해서는 우선 행동치료의 개념부터 알아야 한다. 행동치료의 기본 틀은 다음과 같다.

선행 자극 → 반응 → 후속 자극

선행 자극은 특정 행동을 하도록 지시하거나 유도하는 환경 요소다. 예를 들어 우리는 빨간 신호등을 보면 차를 세우는데, 이때 빨간 신호등은 선행 자극이고 차를 세우는 행동은 반응이다. 이 기본 틀을 주의력결핍 과잉행동장애 아동에게 적용하여 주로 '반응'을 살펴본다. 이때 아동의 '반응'에 해당하는 것은 충동적인 행동, 밀어내기, 가만히 앉아 있지 못하는 것, 주의가 산만한 것, 방해하기다. 후속 자극은 보상이나 처벌 같은, 행동에 따라 주어지는 결과다.

버클리 질병기에는 행동치료에서 주로 선행 자극에 초점을 맞추었다. 아동이 질병이 있다고 생각했기 때문에 '질병이 있는' 아동은 도움이 많이 필요하다고 여겼다. 그래서 사회적·환경적 자극 요소(선행 자극)가 풍부해야 하며 그것이 아이를 '돕는 것'이라고 주장하는 책이 쏟아져 나왔다.

예를 들어 수업 시간에 더 관심을 보이거나 과제를 도와주거나 어떤 장소에 가기 전에 어떻게 행동해야 할지 주의를 주거나, 개인적으로 과외 교습을 시키고 공부할 때 일일이 도와주거나 어떤 행동을 하기 전에 멈추고 생각하라고 이르는 일 등이 그런 선행 자극이다.

아이들이 나쁜 결과를 초래하면 어른들은 더욱더 경고를 많이 하고 주의도 많이 주어야 한다는 이론도 있었다. 토큰 경제학에서는 시각 자료를 많이 이용한다. 이를테면 해야 할 일 목록이나 차트를 만들고 그 일을 달성할 때마다 포커 칩 같은 토큰을 주어서 교육시키는 것이다. 그러나 이런 방식은 오히려 아이들이 할 일을 스스로 기억하는 법을 익히지 못하도록 방해한다.

전문가들이 권장하는 자녀 양육법의 변화

주의산만, 품행불량을 바라보는 시각이 바뀌고 관련 약물이 위험하다는 것을 보여주는 증거가 늘어나면서 부모를 위한 책에서 제시하는 조언도 근본적으로 바뀌고 있다.

●1980~1992년

이 기간에는 ADHD를 병으로 보았고 치료 약물을 안전하다고 여겼다. 1981년 버클리의 책을 필두로 몇 가지 행동치료법과 함께 리탈린 복용을 강력하게 추천하는 책이 쏟아져 나왔다. 주의가 산만하거나 품행이 불량한 아동을 제대로 활동할 수 없는 환자로 간주했기에 행동치료법 역시 아동에게 도움을 많이 주는 프로그램으로 짜여졌다.

●1992~1997년

리탈린에 대한 우려를 나타내는 책이 나오기 시작했다. 이들 책에서는 약물치료법의 위험성과 부정적인 효과를 설명했다. 그러나 주의산만과 품행불량이 '병'이라는 개념을 완전히 버리지는 못했다. 그러므로 이들 책에서 제안하는 행동치료법은 여전히 아동을 많이 도와주는 프로그램 위주로 짜여진 것이었다.

●1998년~ 현재

브레긴의 저서, 《리탈린을 다시 논하다》(1998)는 주의산만, 품행불량이 병이라는 이론과 리탈린과 같은 약물을 복용하는 치료법에 강력히 반대했다. 브레긴은 현재 발표된 행동치료법이 효과가 있는지에 대해서도 의구심을 나타냈다.

브레긴, 켄들, 브라스웰 등 많은 전문가들이 ADD와 ADHD를 정상적인 아이들이 갖는 인지(사고) 문제로 보았으며, 이 아이들이 학교생활을 잘할 수 있다는 전제로 문제에 접근했다.

약물 없이 ADD와 ADHD 자녀를 돌보는 새로운 모델

나는 ADD와 ADHD 아동을 완전히 정상으로 본다. 충분히 예의바르게 행동하고 집중하고 사고할 수 있는 아이들이라고 생각하는 것이다. 문제는 사고력이다. 이 아이들은 자신이 무엇을 하고 있는지 모르거나 집중하지 않는다. 특히 학교 숙제처럼 싫어하는 일을 할 때 더 집중하지 않는다.

나는 주의 주기, 달래기, 도와주기, 경고하기와 같은 선행 자극을 강조하지 않는다. 그런 방법들은 아이의 정신적 능력을 저하시키고 아이들이 도와주는 사람에게 의존하게 만든다. 어떻게 행동해야 할지를 알려주는 대신 지나치게 도와주기만 하면 아이들은 평생을 무기력하고 의존적인 사람으로 살아가게 된다. 이것이 바로 행동치료법이 지닌 치명적인 문제다.

아이에게 스스로 활동하는 법을 가르치지 않은 채 지나치게 도와주는 일을 그만두거나 약물을 끊어버리면 아이들은 생활을 해나갈 수 없다. 심각한 병이 있어서 그런 게 아니라 처음부터 아이에게 스스로 활동하는 법을 가르쳐주지 않았기 때문이다. 심리학자 클로드 슈타이너(Claude Steiner)는 아이를 무기력하고 의존적으로 키우는 것이야말로 최악의 교육법이라고 했다.

헬렌 켈러의 가정교사 애니 설리번은 헬렌을 동물이 아니라 인간처럼 행동하고 의사소통하도록 가르쳤다. 설리번은 헬렌이 정상이고 정상적으로 활동할 수 있다고 믿었다. 그 덕분에 미국에서 가장 위대한 위인 중

한 명이 탄생할 수 있었다. 우리도 설리번이 헬렌에게 한 것처럼 ADD와 ADHD 아동에게 할 수 있다.

이 책의 기본 전제는 이 아이들이 정상이고 정상적으로 활동할 수 있다는 것이다. 나는 아이들이 예의바르게 행동하도록 하고 본인이 해야 할 일에 주의를 기울이도록 가르치면서 후속 자극을 효과적으로 조절하는 방법에 초점을 두었다.

나는 주의산만 및 품행불량 아동을 치료하기 위해 부모를 교육했다. 아이와 시간을 보내는 사람들을 철저히 교육할 필요가 있다고 생각했기 때문이다.

부모 교육법은 1970년대에 웨스 베커(Wes Becker)와 제럴드 패터슨(Gerald Patterson)이 도입했고, 많은 아이들에게서 상당한 효과를 거두었다. 나는 ADD, ADHD 아동을 둔 부모를 대상으로 한 부모 교육을 고안했다. 거의 25년간 연구하고 실험하면서 효과적인 부모 교육 프로그램을 개발해왔다.

기다리시라. 구체적인 교육 내용은 이 책의 후반부에 나온다. 모호하거나 단편적인 내용이 아니다. 이 책은 그 프로그램에 대한 체계적이고 구체적이며 풍부한 내용을 담고 있다. 또한 그 프로그램은 수년 동안 주의산만, 품행불량 아동 수백 명을 대상으로 직접 시행하고 여러 번 다듬어서 얻은 결과물이다.

의사들을 위한 대안

의사들은 치료하는 법을 배우는 사람들이다. 환자에게 정말 도움이 되길 바라는 사람들이다. 그런 그들 가운데 ADHD에는 약물치료만이 유일한 해결책이라고 주장하는 사람들이 있다. 게다가 부모와 교사들은 의사에게 약 처방을 해달라고 끊임없이 조른다. 일시적으로나마 아이들의 행동을 제어하고 싶기 때문이다. 그러나 그렇게 하는 것에 반대하는 의사들도 있다. 많은 의사들이 대안을 찾는다.

의사들이여! 여기 대안이 있다. 진단서에 이 책의 제목을 써라. 부모와 교사들에게 이 책을 매일 저녁 잠자리에 들기 전에 읽으라고 권하라. 각성제 복용은 아이가 공부를 잘하고 얌전하게 행동하도록 가르치는 좋은 방법이 아니다. 한창 성장하고 있는 아이들의 몸에 화학물질을 투여하는 손쉬운 처방을 내리기 전에 나의 처방전을 우선 읽어보라.

부모들이여! 시스템에 속지 마라. 아이를 보호하라. 교사나 의사, 신경정신과 의사, 심리학자들의 말을 곧이곧대로 듣지 마라. 이 책에서 소개하는 방식은 안전하고 중독성이 없고 건전하고 상식적이다. 그리고 무엇보다도 효과가 좋다.

이 책에는 주의산만, 품행불량에 대한 잘못된 편견과 화학물질로 행동을 제어하려는 엄청난 약물 의존성을 타파하자는 내용이 담겨 있다. 이 책을 완독하면 아이의 문제를 해결하는 효과적인 기술을 익힐 수 있을 것이다.

당신은 부모로서 노력이 필요하다. 두 소매를 걷어붙이고 마음의 준비를 단단히 해야 한다. 그러나 배운 대로만 실행한다면 예의바르게 행동하면서 의욕이 넘치는 아이를 보게 될 것이다. 아이와 함께하는 시간이 더욱 즐겁고 더 가깝고 사랑하는 관계를 맺을 수 있을 것이다. 그리고 부모로서 자신감도 생길 것이다.

나는 부모 교육의 마지막 수업 시간에 "우리 애가 더 좋아졌어요"라는 말을 많이 듣는다. 이 책을 읽는 독자들도 그렇게 말할 수 있길 바란다.

02
ADHD는 병이 아니다

ADHD에 대한 7가지 오해

지독한 농담 하나 하겠다. 성인과 아동의 차이는? 성인은 프로작(Prozac, 우울증 치료제)을 먹고 아동은 리탈린을 먹는다. 참으로 괴상한 일이지만 이것이 미국의 현실이다. 보고서마다 수치가 약간씩 다르긴 하지만 취학 연령 아동의 10분의 1에서 4분의 1이 ADD나 ADHD 진단을 받는다고 한다. 진단받은 아이의 성비를 보면 남자아이가 여자아이보다 5배나 많다.

주의력결핍장애 판정을 받은 아이들은 대부분 리탈린과 비슷한 '기분을 전환시키는 약물(mood-altering drug)' 처방을 받는다. 이렇게 많은 아이들이 약물을 복용한다니 무슨 전염병이라도 돌고 있는 것일까?

이 전염병의 원인은 무엇이고 왜 이렇게 빠르게 번지는지 궁금하지 않은가? ADD와 ADHD는 공기로 쉽게 전염되는 바이러스나 내성이 강한 박테리아가 일으키는 것일까? 주의력결핍장애가 병이라면 품행 교육만으로 완치될 수 있을까? 유전병일까? 부모가 아이에게 주의력결핍장애를 물려주었다면 왜 부모인 우리는 어렸을 때 그 병을 앓지 않았을까?

이 책을 읽는 대부분의 독자들과 마찬가지로 나도 부모다. 아이들은 전 부인과 산다. 큰아들 알렉스는 열두 살이고 몇 년 전 ADD 진단을 받고 리탈린을 복용했다. 작은아들 케빈은 열 살이고 ADHD 판정을 받아 리탈린과 비슷한 사일러트2)를 먹다가 잠을 설치고 악몽에 시달려서 항우울제인 토프라닐(Tofranil)을 먹었다.

나는 아버지이기도 하면서 정신과 의사이자 정신의학 교수이기도 하다. 강단에서 소아정신병리학과 행동수정학을 가르치고 현재 아동 장애 진단 및 치료에 대한 연구를 하고 있다. 정신약리학 수업도 한다. 이 수업에서는 약물이 행동, 신체, 신경계에 끼치는 영향을 가르친다. 아동의 주의력, 행동, 동기와 관련된 문제를 진단하고 치료하는 과정을 주로 연구했다. 그러면서 신경제가 신체와 정신에 장기적으로 끼치는 위험을 발견했다. 연구를 하면 할수록 두려움은 커져갔다.

케빈의 심박수가 비정상적으로 증가하더니 분당 200번을 넘어섰다. 심한 복통을 호소했는데, 검사 결과 신경성 대장 증후군으로 밝혀졌다. 불면증도 생겼는데 야경증3)과 우울증 진단이 나왔다. 진심으로 걱정되었다. '이게 다 약 때문일까?'

약을 처방한 의사들과 연락을 해보려고 시도했지만 이 글을 쓰는 지금

---

2) 사일러트(cylert) : 리탈린과 덱시드린보다 덜 남용되나 간염, 황달, 빈혈 등과 관련이 있는 것으로 보고되어, 최근 사용이 줄어들고 있다. 사일러트의 부작용으로는 식욕 감퇴, 복부팽만감, 두통, 불면증 등이 있다.

3) 야경증 : 밤공포증이라고도 한다. 어린아이가 자다가 갑자기 놀라 소리를 지르다가 2~3분 후에 조용히 잠이 드는 증상이다.

까지 답변이 온 곳은 한 군데도 없다. 전처가 케빈을 새 의사에게 데려갔더니 다행히 그 의사는 그때까지 복용한 정신치료약을 다 끊게 했다. 정말 다행스럽게 그간 겪던 증상이 모두 사라졌다.

나는 전 의사들의 진단이 전혀 정확하지 않았음을 확인하고 매우 화가 났다. 이제 두 아이 모두 공부를 잘한다. 케빈은 삐삐 말라서 엉덩이에 살이 없다. 그래서 자리에 앉아 있는 것을 못 견뎌 좀이 쑤셔하거나 책상 옆에 서서 공부할 때도 있다. 이상한 점이라면 그게 전부다.

남자아이들은 ADD나 ADHD 검사를 할 때 불리하다. 남자아이들은 좀처럼 가만히 앉아 있지 못한다. 여자아이들보다 더 활발하다. 사회적으로도 여자아이보다 더 거칠고 활발하게 뛰어놀도록 허용된다. 남자아이들은 학교에서 얌전히 있는 것이 여자아이보다 더 어려울 수 있다.

의사의 진단이 어떻게 이루어지는지 알면 놀랄 것이다. 우리 아이는 모호하고 부정확한 진단을 받고 생명을 위협하는 약을 먹었다. 이런 일이 여러분의 아이에게도 일어날 수 있다. 그래서 내가 겪은 끔찍한 상황을 피할 수 있도록 도움을 주고자 한다.

ADD와 ADHD에 대한
오해와 진실

분명히 말하건대, 나는 약물치료에 반대한다. 그리고 내가 제안하는 프로그램은 요새 유행하는 의학적 치료 및 심리치료와 많이 다르다. 의료계, 심리학계, 교육계 전문가들에게 반기를 들기 위해서가 아니라 그들을 설득하기 위해 이 책을 썼다. 부모 교육을 통한 부모 역할 훈련(또는 보호자

능력 향상 프로그램, Caregivers' Skills Program)이 더 연구되고 발전해서 주의력 문제를 겪는 많은 아동들에게 도움을 주기 바란다.

전문가들이 당신의 아이가 리탈린이나 그와 비슷한 약물을 먹어야 한다고 할 때 당당히 거부하려면 ADD와 ADHD에 대한 몇 가지 매우 중요한 사실을 알고 있어야 한다. 여기에서는 가장 흔한 7가지 오해를 살펴보겠다.

ADD와 ADHD는 병이다?

정신의학 및 심리학적 질병 진단 설명서에서는 ADD와 ADHD를 병이라고 진단할 수 있는 근거가 될 실험 결과가 없음을 명시했다(미국정신의학회 보고서, 1994, p. 81). 병이라고 판단할 만한 확실한 근거가 아직까지 보고되지 않았다. 그러나 현재 유행하고 있는 치료 형태는 모두 화학물질로 병을 치료하는 것이다. 아무도 병이라고 입증하지 않은 병을 치료하려 하는 것이다.

신체, 두뇌, 신경계의 기능 저하로 이런 행동(ADD, ADHD)을 보인다는 증거는 어디에도 없다. 앞에서도 이야기했듯이 많은 의사들이 수년간 이런 증상이 '병'이라고 입증하기 위해 노력해왔지만 이렇다 할 성과가 없었다.

다행히도 ADD와 ADHD는 병이 아니며 사고력 부진과 동기 저하로 인한 문제(1996년 켄들 보고, 1998년 브레긴 보고)일 뿐이라고 믿는 의료 전문가들이 늘고 있다. 나는 아이가 주의가 산만하고 얌전히 있지 못하는 것이 의학적 문제 때문이라고는 결코 생각하지 않는다.

혹자는 그렇다면 지난 15년간 왜 이런 진단이 폭발적으로 증가하고 유행했는지 물어볼지도 모른다. 자료에 따라 조금씩 차이가 있겠지만 미국에서 ADD나 ADHD 진단을 받은 아이들이 200만~400만 명에 달하며 이는 1988년보다 4배나 증가한 수치다. [4]

이 불가해한 병 아닌 병은 도대체 언제부터 발생한 것일까? 왜 비슷한 행동을 보였던 이전 세대 아동들에게서는 그렇게 많이 발견하지 못했을까? 더 중증의 행동 장애가 있음을 생각해보자.

예를 들어, 품행장애는 아동이 규칙을 어기거나 폭력적인 성향을 보이는 것이고, 적대적 반항장애는 아이가 부모에게 공공연히 반항하거나 무례하게 구는 것이다. 그러나 이 두 상태를 병으로 보는 신경정신과 의사는 드물다.

어떤 것은 병이고 어떤 것은 병이 아니라는 이러한 관점의 차이는 어디에서 연유하는가? 분명히 과학적이거나 실질적인 증거에 따라 관점의 차이가 생기는 것은 아니다. 그런데도 주의산만을 병으로 보고 그 관점을 마치 부인할 수 없는 사실인 양 주장하는 사람들이 있다.

이 병 논란을 조금 더 자세히 살펴보자. 병은 공기를 통한 전염병, 접촉을 통한 전염병, 외상, 병증이 온몸에 나타나는 전신병(systemic disease, 全身病) 이렇게 네 가지로 분류한다. 전염병은 병균이 일으키는 병이다. ADD와 ADHD는 이쪽은 아니다. 외상은 머리 타격 같은 신체 외상으로 인한 병이다. 이것도 아니다. 그렇다면 전신병만 남는데 이 병은 신체의 세포나 화학물질이 제대로 작동하지 않을 때 일어난다.

'아하, 그럼 이거구나!'라고 생각하는 독자가 있을 것이다. 그러나 속

---

4) 우리나라 국민보험공단의 통계에 의하면 ADHD로 진료를 받은 만 6~18세 아동 청소년은 2018년 44,741명에서 2022년 81,512명으로 4년 새 약 82% 이상 급증했다. 게다가 이 숫자는 병원에 찾아와 '보험 적용'을 받은 인원만을 파악한 것으로, 실제 ADHD로 고통받는 아이들은 훨씬 더 많을 것으로 추정된다.

단은 금물이다. 전신병에 대한 가족력이 있으면 그 유전자를 물려받게 되지만 대가 이어질수록 진단 확률이 늘어나는 것은 아니다. 유전병에 걸릴 확률은 이전 세대와 똑같거나 아주 미미한 수준으로 증가한다.

적어도 ADD나 ADHD처럼 10년 새 네다섯 배로 늘지는 않는다. 유전되지 않는 전신병도 방사능 물질 대량 유출 같은 환경적으로 큰 유해한 변화가 없으면 늘어나지 않는다. 그러면 주의산만이 이렇게 급증한 현상은 무엇으로 설명해야 할까? 누군가는 이 초대형 전염병의 진원지를 밝혀야 할 것이다.

대략 열 가지 이론이 있다. 앞에서 언급했듯이 각 이론은 뇌, 신경계, 신경계 화학물질에 일어난 문제를 이 모호한 병의 주요 원인으로 본다. 이 이론들이 모두 다 맞을까? 아니면 전부 다 틀릴까? 학자들은 자신이 주장한 이론에 책임을 져야 한다. 다른 학자들이 연구를 했지만 이 이론들을 지지하는 결과는 도출해내지 못했다.

ADD나 ADHD 아동의 뇌나 신경계에 변화가 일어난다는 사실이 증명되면 어떨까? 그래도 병이 아니다. 1998년 브레긴이 저서에서 지적했듯이 환경이 뇌와 신경계를 변화시키기 때문이다. 어떻게 양육되었는지, 어떤 스트레스를 받았는지, 어디에서 성장했는지가 체내 화학물질이나 세포에 영향을 끼쳐 뇌에 입력된다.

ADD나 ADHD를 병으로 정의하려면 신체와 신경계의 기능 저하가 우선 나타나고 그다음 ADD, ADHD 관련 행동으로 이어져야 한다. 환경이 특정 행동을 일으키고 뇌를 변화시키면 그것은 장애이지 병이 아니다.

ADD나 ADHD로 판정받은 아동들에게서 관찰되는 신체적·정신적 변화는 모두 환경 탓이며 그러므로 장애이지 병은 아니다. 장애는 약물이 필요 없고 행동 교정을 통해 치료할 수 있다.

이제 ADD와 ADHD는 애초에 병이 아니며 각성제가 존재하지도 않는 병의 치료제로 둔갑해버렸다는 사실이 이해되는가? 각성제는 문제의 본질을 숨길 뿐이다. 무엇이 옳은지 잘 알지도 못하는 의료인들이 30년 뒤에는 병 이론을 철회할 것이면서도 지금 당장 아이들에게 이 각성제를 투여하도록 내버려두어서야 되겠는가?

아주 정밀한 연구를 해서 생리학적 변화를 입증할지라도 ADD와 ADHD가 병이라고 할 수 없다. 그 생리학적 변화는 환경의 영향 때문이거나 리탈린 또는 그 비슷한 약물을 장기간 복용했기 때문일 수 있다. 생리학적 변화가 아니라 ADHD 아동이 원래부터 지니고 있던 불안정이 원인일 수도 있다.

설사 그런 생리학적 변화가 발견될지라도 이 책의 내용과는 관련이 없음을 밝힌다. 이 책에서 제시하는 방법은 그것과 상관없이 효과가 있다. 만에 하나 ADD, ADHD로 인해 생리학적 변화가 일어난다면 행동 프로그램이 성공한 후 그 증상들이 어떻게 사라지는지 지켜보는 것도 흥미로운 연구가 될 것이다.

심리검사가 ADD 및 ADHD 질병설을 뒷받침한다?

ADD나 ADHD가 질병임을 암시하는 심리검사는 없다. 심리검사는 체크 리스트와 증세 정도를 표시하는 문항을 통해 검사하는 동안 아동의 집중력을 관찰하는 것이다. 이 테스트는 아이가 산만한지, 품행이 단정하지 않은지를 평가하는 한 방법이다. 점수가 높으면 무작정 ADD나 ADHD 딱지를 붙이고 점수가 낮으면 그 낙인을 면한다.

몇십만 원을 그런 테스트에 낭비하지 말자. 아이를 단지 잘 관찰하는 것만으로도 이 테스트보다 더 나은 진단을 할 수 있다. 카일 이야기를 기억하는가? 테스트 결과와 아들이 암석을 수집하고 분석하는 취미에 몇 시간이고 집중하는 것을 관찰한 어머니 중 어느 쪽이 더 정확했는가?

이런 검사들은 그저 행동 관찰을 위해 짠 가이드에 불과하다. 신체나 두뇌의 비정상적인 현상은 계량화하여 측정할 수 없다. 병을 진단할 수도 없다. 정신과 의사나 심리상담가가 아이가 ADD나 ADHD 검사 결과가 양성으로 나왔다고 말하면, 불쌍한 부모들은 그게 병인 줄 알고 착각한다. 이런 테스트는 어떤 질병도 제대로 감지하거나 발견하지 못한 채 아이들에게 낙인만 찍을 뿐이다.

어쨌든 의사는 우리 아이에게 ADD나 ADHD라고 한다

의사는 ADD나 ADHD를 마치 병명처럼 부른다. 그 증상을 주의산만(IA, inattentive) 및 품행불량(HM, highly misbehaving)이라고 바꿔 부르면 그 문제행동을 어떻게 받아들이게 되는지 관찰해보자. 단지 증상을 부르는 이름을 바꿨을 뿐인데 그 증상을 대하는 태도가 바뀐다.

이 책 후반부에서는 심리학계와 의학계에 증상의 이름을 바꿀 것을 제안한다. 신경정신과와 심리학 진단 전문가 린다 셀리그먼(Linda Seligman)은 현대적인 의료 진단이 '경멸적인 낙인찍기'에서 벗어나고 있다고 지적했다. 여기서 '경멸적인 낙인찍기'란 부정적으로 들리는 딱지를 붙이거나 비정상적인 행동에 병(심지어 그런 병이 존재하지 않는데도)이라는 낙인을 찍는 것을 의미한다.

주의력결핍 과잉행동장애(ADD 또는 ADHD)라는 말 대신 주의산만, 품행불량이라고 부르면 부모와 전문가들은 이러한 증상을 병이 아니라 일반적인 상태의 한 종류로 받아들이게 될 것이다.

리탈린은 ADHD 아동에게 모순 효과가 있고, 이는 병 이론을 뒷받침한다

'모순 효과(paradoxical effect)'라는 용어를 잘 모르는 독자들을 위해 설명하자면 이것은 주의가 산만한 아이에게 리탈린과 같은 각성제를 주면 각성 효과와 반대되는 효과, 즉 행동을 굼뜨게 만들고 주의력을 향상시키는 효과가 나타난다는 것이다. 사람들은 이 모순 효과가 주의산만 아동에게만 나타나며 이는 이 아이들이 정상 아동과 다르다는 증거, 즉 병이 있다는 증거라고 생각한다.

물론 리탈린과 같은 약물을 복용하면 행동이 느려지지만 그렇다고 해서 이러한 현상이 병 이론을 뒷받침하지는 않는다. 어른이든 아동이든, 정상인이든 품행장애, 적대적 반항장애, 불안장애가 있는 사람이든 각성제를 복용하면 모두 똑같은 효과가 나타난다. 동물실험에서도 똑같은 결과가 나왔다.

각성제는 진정시키고 침잠시키는 효과가 있다. 각성제는 1950년대와 1960년대 대학생들 사이에서 인기가 있었다. 당시 대학생들은 시험공부를 하거나 밤을 새울 때 각성제를 먹었다. 심지어 전쟁에 나가는 병사들을 진정시키고 적당히 긴장하도록 만들기 위해 각성제를 배급하기도 했다. 이처럼 각성제의 모순 효과는 모든 이들에게서 나타난다.

괜찮은 제안을 한 가지 하겠다. 주의가 산만한 아이들에게 코카인을 주면 어떨까? 그러면 효과가 더 좋을 텐데! 아이들 몸을 약으로 채워서 행동을 조절하려고 한다면 끝까지 가보자는 얘기다. 미친 소리 같은가? 뭐, 사실 프로이트도 코카인을 먹고 밤늦게까지 일하곤 했다. 코카인이 장시간 긴장하면서 집중을 하는 데 도움이 되었다. 프로이트는 코카인을 너무 좋아해서 코카인을 찬양하는 「코카인에 대하여(On Coca)」라는 과학 논문까지 썼다. 하지만 후에 이 약물의 유해 효과로 사망하였고 프로이트는 자신의 죽음을 통해 코카인에 대한 견해를 만천하에 뒤집었다.

리탈린은 순하고 안전한 약이다?

내가 우리 아이가 처방받은 약이 완전히 안전하다고 믿었다면 아이에게 약을 먹이는 것에 반대하지 않았을 것이다. 하지만 이 약물에 대한 현대 의학의 연구 수준은 아주 초보적인 단계이며 나는 우리 아이들의 건강을 위험에 빠뜨리면서까지 약의 안전성을 실험하고 싶지는 않다. 처음엔 완전히 안전한 줄 알았는데 나중에 유해함이 밝혀진 약들을 기억하는가?

탈리도마이드[5]를 보라. 기형아를 낳는 원인이 될 수도 있음이 밝혀진 1960년대까지 임산부에게 진정제로 처방되었다. 엑스랙스(Ex-Lax)는 어떤가? 1997년 쥐 실험에서 발암물질이 발견된 변비약 엑스랙스는 의사의 처방전 없이도 구입할 수 있던 약이었다.

리탈린이 비교적 순한 각성제라고들 한다. 하지만 1988년 연방정부통제법에서 리탈린을 코카인, 아편, 모르핀과 같은 등급인 스케줄 II로 분류했음을 기억해야 한다. 스케줄 II는 오용과 중독 위험성이 높은 약물을 모은 목록이다.

---

5) 탈리도마이드(Thalidomide) : 비바르비탈계(非Barbital系) 수면제로서 비교적 부작용이 적고 지속 시간이 긴 약품으로 알려졌지만 임산부가 복용하면 기형아를 낳을 수 있다는 사실이 밝혀져 사용이 금지됐다.

■ 장 · 단기적인 부작용

중독의 위험성에 더하여 다른 심각한 부작용도 있음을 알아두어야 한다. 이 약들이 행동을 조절하는 뇌 부분에만 작용할까? 아니다. 뇌뿐만 아니라 몸 구석구석으로 퍼져 투여 목적과 관계없는 효과가 나타날 수 있다.

이런 예상치 못한 부작용은 약 복용 후 즉시 혹은 몇 주 내에 나타나는 단기 부작용과 수년 동안 잠복하다가 발현되는 장기 부작용으로 분류된다. 메틸페니데이트(리탈린)를 비롯한 각성제를 복용한 아동은 불면증(우리 아들 케빈이 겪었다), 잦은 울음, 자극 예민성, 성격 변화, 초조함, 피부 발진, 열병, 메스꺼움, 어지러움, 두통, 심계항진(비정상적인 심박 속도), 운동장애(혀와 안면 근육운동 이상), 졸음, 혈압 변화, 심장부정맥(케빈이 겪었다), 협심증(가슴 통증), 복통(역시 케빈이 겪었다)과 같은 단기 부작용을 겪을 위험이 있다.

드물게 중독성 정신병(약물의 강한 독성 때문에 아이가 현실감각을 잃는 병)이 일어나기도 하고, 신경성 식욕부진을 겪고 체중이 줄어들 수도 있다. 약물 복용을 신중히 관찰하지 않으면 우울증, 자살 생각, 심지어 투렛증후군(tourette syndrome, 신경 장애로 인해 자신도 모르게 자꾸 몸을 움직이거나 욕설 비슷한 소리를 내는 증상)이 합병증으로 올 수 있다.

가장 우려되는 점은 잠복했다가 몇 년 후에 발생하는 장기 부작용이다. 오랜 기간에 걸쳐 약물의 안전성을 검토한 연구는 거의 없다. 여러분도 몰랐을 것이다. 왜 그럴까? 거기에는 여러 가지 이유가 있다.

첫째, 몇 년씩이나 걸리는 연구는 비용이 엄청나게 든다. 누가 그 돈을 댈까? 답은 '거의 아무도 없다'다.

둘째, 연구원들은 주로 대학교수다. 이들은 주로 과학 학술지에 연구 결과를 발표하여 성공하고 명성을 얻길 바란다. 학술지에 논문을 싣기 위해 10년이고 20년이고 기다리는 교수가 있을까? 없다. 그러므로 장기 연구 프로젝트를 시작하려는 연구원은 드물다.

셋째, 제약회사는 장기간 연구를 걸쳐 자사 제품의 안전성을 입증해야 할 의무가 없다. 게다가 장기 연구는 그들의 관심사가 아니다. 유해한 효과를 입증하는 결과라도 나오면 판매에 부정적인 영향을 끼치므로 제약회사가 그런 장기 연구를 하려고 하지 않는다는 사실은 누구나 다 안다.

그러나 몇몇 중기 연구 결과는 최근 과학 학술지에 발표되었고 그 내용은 리탈린에 대해 긍정적이지 않다. 그중 하나는 리탈린이 아동의 성장을 저해하는 장기 부작용이 있다는 것이다. 리탈린은 성장호르몬 분비를 방해해서 발육을 억제한다. 아이가 약을 먹지 않을 경우 얼마나 더 성장할 수 있는지는 알 길이 없다(Weiner, 1982).

최근 연구에 따르면 리탈린과 같은 약물을 복용하면 키와 몸무게의 증가가 어느 정도 방해받는다고 한다(Rao and others, 1997). 많은 청소년들이 내게 리탈린을 다년간 복용한 친구들이 또래와 견주어 체구가 작다고 증언했다.

또 다른 중기 연구에서는 면역체계에 문제가 발생할 수 있다고 지적했다(Auci, 1997). 이 연구 결과들이 발표된 날짜에 주목하자. 최근에 들어서야 약물이 아동에게 미치는 장기적인 효과에 대한 데이터가 나왔다. 훨씬 더 장기적인 연구가 필요하다.

다시 한번 묻는데, 부모들이여, 자녀의 행동을 통제하기 위해 이런 위험성을 기꺼이 감수하겠는가? 아니면 문제행동을 바라보는 관점을 바꾸고 아이를 제대로 키우기 위해 부모가 변하는 것이 더 낫겠는가?

■ 약물 휴일

약물 휴일이 뭘까? 저녁이나 주말, 휴일에 아이가 약물 복용을 쉬는 것이다. 의사에게 이렇게 물어보아라. "이 약이 그렇게 안전하면 왜 약물 휴일이 필요한가요? 그리고 왜 학교에 있을 때는 아이의 행동을 통제해도 괜찮고 부모가 데리고 있을 때는 통제하면 안 되나요?"

아이에게 약 먹는 것을 가르치면 아이는 약 먹는 법을 배운다. 아이들에게 자신의 감정과 행동 문제를 약을 먹어서 다루도록 훈련시키는 것은 매우 위험하다. 약물은 꼭 필요할 때 되도록 최단기로 복용해야 한다. 의료인으로서 나는 어떤 약이든 최소로 처방하는 의사가 좋은 의사라고 생각한다.

의사가 지금 당신 아이가 복용하는 약물은 중독성이 없다고 안심시킬 수도 있다. 의사가 정말 그렇게 생각해서 그렇게 말할 수도 있다. 그러나 의사들은 중독을 신체적 상태로 보는 경향이 있다. 나는 중독을 정신적인 것으로 보며 몸이 원하는 것보다 정신이 원하는 것이 훨씬 더 강력하다고 생각한다.

내가 정신약리학 강의에서 이용하는 교재는 모두 이런 관점을 지지한다. 황홀경, 즉 평화롭고 안정적으로 느끼고 스트레스, 불안, 우울증에서 벗어날 수 있기 때문에 이 약들은 중독성이 매우 강하다. 그리고 그 중독은 정신적인 중독이다.

의사들은 일반인들이 생각하거나 기대하는 만큼 약물에 박식하지 않다. 시장에 쏟아져 나오는 약물이 너무나 많아서 의사들도 모든 최신 정보를 다 따라가지 못한다. 내가 의대생들을 가르치고 지켜본 바로는 의사들은 보통 자신이 주로 처방하는 약물 40~50개 정도만 안다.

대학 병원에서도 아침 조회를 할 때 의사들은 박사급 약리학자들과 의

논한다. 대부분의 약학 과정에서는 약물만 중점적으로 다루므로 약리학자들은 수백 가지 약에 대해서 잘 안다. 그러나 의대에서는 병 진단법, 해부학, 생리학, 환자 관찰법 등과 같은 다양한 과목을 배운다. 그리고 의대생들은 이 모든 과목을 완전히 다 따라가지는 못한다.

의사 말이라고 무조건 100퍼센트 믿지는 말기를 권한다. 여러분은 의료 서비스를 받는 고객이며, 아이에게 권하는 어떤 약에 대해서건 질문할 권리가 있다. 필요하다면 약대에 전화해서 아이에게 매우 의심스러운 약을 복용시키기 전에 약리학자와 상의해볼 것을 권한다. 내가 직접 통화해본 약리학자들은 리탈린이든 다른 각성제든 모두 추천하지 않았다.

ADD와 ADHD가 병이 아니라면 내 아이가 게으른 것일까?

1970년대 이후 미국의 가족 구조는 크게 변화했다. 두 부모 가정은 전체 가정의 절반도 되지 않으며, 그중 85퍼센트가 맞벌이 가정이다. 한 부모 가정은 50퍼센트에 육박한다. 조부모, 숙모, 삼촌, 사촌과 함께 사는 대가족은 드물다. 친척들은 서로 멀리 떨어져 산다. 이런 가족 형태가 자녀를 양육하는 방식에도 많은 영향을 끼쳤다.

부모들이 스트레스에 시달리고 바빠지면서 가정교육 시간은 현저히 줄어들었다. 아동발달학에 따르면 어렸을 때 제대로 관심을 받지 못한 아이들은 커서 자신의 아이를 키우는 데 어려움을 겪는다고 한다. 신경정신의 백(1988), 루윈손과 로즌바움(1987)이 지적했듯이 이런 아이들은 우울증에 걸리기 쉽다. 무엇보다 브레긴(1988)이 말한 것처럼 자신의 행동을 조절하는 데 어려움을 겪고 종종 ADHD라는 낙인이 찍히기도 한다.

나는 연구를 하면서 아동의 인격 형성 과정에서 가치관의 중요성을 강조해왔다. 배우기를 좋아하고 노력하려는 자세, 장기적인 목표를 세우고 원하는 것을 이루기 위해 참을성 있게 기다릴 줄 아는 능력과 같은 덕목을 키워야 아이가 학교 수업을 진지하게 받아들이고 공부를 열심히 할 수 있다. 이러한 가치관을 몇 년에 걸쳐 꾸준히 교육시켜 내재화하지 못하면 아이들은 수업 시간에 집중하지 못하거나 자신의 행동을 자제하려 하지 않을 것이고 품행이 불량하거나 주의가 산만한(IA-HM) 아동이 될 것이다.

벡(1988)은 현대 심리학과 정신의학에서 '인지 혁명'이 일어나고 있다고 언급했다. 무슨 말이냐면 인지치료가 병원에서 유행하는 치료법이 되었다는 것이다. 이 치료법은 사고방식과 의식이 행동 방식을 결정한다는 이론을 기반으로 한다. 인지치료법은 1960년대 앨버트 앨리스(Albert Ellis)가 창시했다.

1970년대 이 치료법이 행동수정과 통합하여 오늘날의 인지-행동치료가 탄생했다. 행동수정은 충분한 연구와 과학적 근거를 바탕으로 개발된 기술이다. 이 인지-행동치료가 이 책의 핵심이다. 이 책을 통해 아이의 행동뿐만 아니라 사고방식과 의식 체계도 변화시킬 수 있을 것이다.

나는 이 책에 해결책을 제시할 것이다. 여러분은 효과적이고 적극적인 가정교육 방법을 배워서 아이들에게 품행불량이나 주의산만과 같은 행동 또는 정신과 관련된 문제가 더 이상 일어나지 않게 할 수 있다. 그러나 이 책에서 제시하는 해결책은 즉효약이 아니다. 이 책에서 제시하는 프로그램을 이행하려면 부모의 능동적인 자녀 교육이 필요하다. 효과를 제대로 얻으려면 반드시 시간과 노력을 들여야 한다.

더불어 문제행동을 고쳤을지라도 아이에게 지속적으로 시간과 관심, 사랑을 쏟고 지도하여 아이가 올바른 사고 체계를 지닐 수 있도록 노력해야 한다. 아이들의 행동을 통제하는 것도 중요하겠지만 무엇보다 올바른 가치관을 심어주는 것이 중요하다. 부모가 친절하고 참을성 있게 필요한 덕목을 가르쳐 학교에서 품행을 바르게 하고 학습을 잘할 수 있도록 해야 한다. 성공적인 학교생활의 열쇠는 단순히 아이의 행동을 억제하거나 통제하는 것에 있는 것이 아니라 덕목을 잘 갖추도록 하는 것이다.

ADD나 ADHD 아동이 게으르다고 하는 말은 정확하지 않다. 단지 아이들의 가치관이 완성되지 않았을 뿐이다. 그 부분에 대해서 우리가 신경을 쓰지 않았기 때문에 아이를 망치는 것이다. 아이를 변화시키고 싶다면 먼저 어른이 변해야 한다. 생활의 속도를 늦추고 아이에게 가르치고자 하는 가치를 정하고 꾸준히 이 가치를 아이들에게 심어주어야 한다.

ADD와 ADHD 아동이 많은 이유는 교사와 학교 시스템 탓이다?

이 오해에 대한 해명은 4가지, 즉 교사, 교과과정, 훈육, 학급 규모에 대한 것으로 나누어 하도록 하겠다.

■ 교사

나는 30년간 다양한 학교에서 교직에 종사해왔다. 초등학교, 중학교, 대학교, 대학원, 의학전문학교에서 가르쳤다. 사회문제가 많은 도심 지역, 시골, 부유한 도심 외곽 동네 등 다양한 환경에 위치한 학교에서 근무했다. 나는 자질이 떨어지는 교사는 거의 만난 적이 없다고 솔직하게 말할 수 있다. 내가 만난 교사들은 대부분 매우 열성적으로 일했고 학생들에게 헌신적이었다.

정치인들은 다른 나라에 비해 미국 학생들의 성적이 낮은 원인을 교사 탓으로 돌린다. 그러나 교사 탓이 아니다. 내가 수년간 현장에서 관찰해온 결과 배움에 대한 열정, 노력, 인격, 성취감 같은 가치를 어려서부터 가정에서 잘 배운 아이들은 성적이 좋고, 그렇지 못한 가정에서 자란 아이들은 성적이 좋지 않았다. 사실 가치관이 확고해 동기부여가 잘되는 아이들은 수업 시간에 집중하며 공부를 열심히 하고 ADD나 ADHD 판정을 받지 않는다. 교사에 대한 질책을 멈춰야 한다.

■ 교과과정

교육자와 심리학자가 협력하여 아이들의 흥미를 돋우는 교육과정을 짜면 ADD와 ADHD 아동이 줄어들 것이다. 참신하고 혁신적이며 창의적인 방법을 고안해낼 수 있다. 예를 들어, 나는 고등학교에서 학부모 워크숍을 열었는데 청소년들이 좋아하며 매우 적극적으로 참여했다. 더 어린 아이들에게도 직접 참여하는 활동을 시켜보는 것은 어떨까?

나는 두 아들을 가까운 금속광에 데려가서 채석하고 돌에서 금속을 분리하여 채취하는 체험학습을 한동안 시켰다. 아이들이 무척 좋아했다. 나보다도 더 빨리 정확하게 돌과 금속의 종류를 알아보았다. 기존의 학교 수업에는 왜 이런 야외 체험학습이 없을까? 아이들이 현장학습을 통해 배우면 배우는 일이 더 재밌고 신이 날 것이다.

도심 지역 초등학교에서 교사 생활을 할 때, 나는 아이들이 좋아할 법한 모험적이고 교육적인 견학 일정을 많이 기획했다. 학생의 수업 참여를 유도하는 교육 콘텐츠 가운데 하나가 체험 활동이며 체험 활동에 대한 연구가 더욱 필요하다. 특히 수업 시간에 전혀 집중하지 않는 아동들에게 체험 학습은 상당한 효과가 있다.

브레긴은 "ADHD 판정을 받은 아동도 다른 아이들과 필요한 것이 다르지 않다. 아이가 수업 시간에 집중하지 않는다는 것은 교사가 아이의 배우고자 하는 욕구를 충족시켜주지 않고 있다는 뜻이다. 생각해보라. 교사가 아이의 상상력을 자극한다면 아이는 집중할 것이다"라고 말했다.

어린이들이 학교를 좋아하게 만드는 교육법과 교육 내용을 잘 조화시켜야 한다. 파머(Paker J. Palmer, 1998)가 자신의 저서 《가르칠 수 있는 용기(The Courage to Teach)》에서 지적했듯이 지역사회 참여, 전자 미디어 활용, 교실 밖 야외 활동 등 학생들에게 더 가까이 다가갈 수 있는 여러 가지 혁신적인 방법을 통해 아이들과 교감할 수 있다.

이는 철학자이자 교육학자인 존 듀이의 사상과도 일치한다. 그는 교육이란 일부는 책을 통해서 배우고 일부는 경험을 통해서 배우는 것이어야 한다고 했다. 그러므로 교과과정과 교수법을 혁신적으로 바꾸면 학교를 좋아하는 아이들이 늘어날 것이다.

■ 훈육

훈육은 골치 아픈 문제다. 나는 교내 체벌에 반대한다. 안타깝게도 학교에서는 이른바 'ADHD 아동'이라고 불리는 수업을 방해하는 아이들을 훈육할 효과적인 방법이 거의 없다. 게다가 교사들은 수업 분위기를 흐리는 아이들의 행동을 바로잡기 위해 학부모에게 가정에서 관심을 가져달라고 요청해도 협조를 구하기 어렵다고 하소연한다. 그렇다면 교사가 취할 수 있는 방법은 뭘까? 보통은 알약과 물 한 잔을 택한다.

이 책에서는 교사가 아이가 학교에서 다른 친구들에게 지장을 준다고 알릴 때 부모가 자녀를 훈육하는 구체적인 방법을 소개한다. 부모는 이 책을 읽고 협조해야 한다. 아이가 다른 아이들의 학습을 방해하고 수업에 매우 큰 지장을 주는데도 아이의 부모가 상황을 바로잡기 위해 도움을 주려 하지 않는다면 그 아이는 부모가 협조할 때까지 학교에 다녀서는 안 된다. 하지만 이를 받아들이는 부모는 거의 없고 어처구니없게도 제대로 된 훈육을 하는 대신 아이들의 목구멍에 독한 약물을 밀어 넣으려고만 한다.

■ 학급 규모

연구에 따르면 학급 규모가 작을수록 더 효율적인 학습 환경을 조성할 수 있다고 한다. 핀, 아킬레스, 베인, 폴저(1990)는 도심 지역 소수민족 아동의 읽기와 수학 성적을 연구한 결과 학급 규모가 작을수록 성적이 월등히 우수했다고 발표했다. 굴로와 버튼(1992)은 학급 규모가 작을수록 학교생활에 더 빨리 적응할 수 있다고 발표했다. 러셀 바클리(Russel Barkley)는 오래전부터 주의산만 아동들에게는 소규모 학급이 필요하다고 주장했다.

그러나 약간 규모가 있는 학급이 어린이들이 사회생활 능력을 키우고 동료들과 사이좋게 지내는 법을 배우는 데 도움이 된다고 주장하는 학자들(Feld, 1991)도 있다. 내가 연구한 바에 따르면 반이 너무 작으면 인지 의존 문제가 생길 수 있다. 그러므로 사회생활 능력을 키우고 독립적인 인지 능력을 개발할 수 있을 만큼 크고, 개인적인 관심을 충분히 받을 수 있을 만큼 작은 적절한 크기로 학급을 편성해야 한다. 또 소란스러움 같은 방해 요소를 최소로 줄이고 교사가 시끄럽게 떠드는 아이들을 통제할 수 있을 만큼 작아야 한다.

관련 연구 문헌에서는 대개 한 반당 15~18명이 적당하다고 주장한다. 그러나 미국 학교는 대부분 한 반당 30명이 넘고 40명이 넘는 곳도 있다. 이렇게 많은 아이들을 통제할 수 있는 교사는 없다. 그리고 이런 환경에서 학업 성취도를 올릴 수 있는 학생도 많지 않다.

03
왜 ADHD가 증가하는가

아이가 아니라 부모를 교육해야 하는 이유

어렸을 때 나는 산만하고 따분해하며 의욕이 없는 아이였다. 성적은 최하위권이었고 지능지수도 평균보다 낮았다. 공부가 재미없었기 때문에 매우 산만했고 가끔씩 수업 분위기를 흐리기도 했다. 지금도 그때 선생님들에게 받은 경멸과 모욕적인 체벌을 생각하면 마음이 아프다.

그런데 열 살 때 드라마 〈응급실(Medic)〉을 보았고 그때부터 의사가 되고 싶었다. 처음으로 인생에서 뚜렷한 목표를 갖게 되었다. 갑자기 학교 수업이 의미 있고 중요해졌다. 공부가 좋아지고 모범생이 되었으며 가족과 선생님에게도 칭찬을 받고 자존감이 높아졌다. 성적이 눈에 띄게 좋아졌고 상위권을 유지하였다.

내가 1950년대가 아니라 1990년대에 어린 시절을 보냈다면 나는 ADD나 ADHD 판정을 받고 각성제를 먹어야 했을지도 모른다. 사실 나는 산만하고 따분했으며 동기부여가 되지 않았을 뿐이었는데 말이다.

내가 상담한 많은 아이들은 학년 말에 선생님이 시험을 통과하지 못하거나 숙제를 제대로 해오지 않았을 때 유급을 시키겠다고 경고하면 기적적으로 주의력결핍장애가 사라지는 모습을 보였다. 많은 아이들이 처음에는 할 수 없으리라 생각했던 일들을 다 해치웠다.

비슷한 맥락에서 보자면 아이들은 텔레비전을 보거나 게임을 할 때는 몇 시간이고 집중하지만 자기가 좋아하지 않는, 이를테면 학교 숙제 같은 일에는 집중하지 못한다. 전문가들은 이른바 ADD, ADHD 아동의 두뇌 구조는 강화가 빠르고 즉각적인 일(이를테면 텔레비전 시청, 컴퓨터게임 등)에는 집중을 잘하고 강화가 느리거나 지체되는 일에는 그렇지 못하다고 말한다.

그렇다고 해서 아이들의 이러한 현상을 병으로 보는 것은 말이 안 된다. 어떤 행동은 잘하고 어떤 행동은 잘하지 못한다고 병이라고 하는 것이 말이 되는가? 이것은 단지 동기의 문제다. 품행불량이나 주의산만 아동은 단순히 자신이 좋아하는 것은 하고 좋아하지 않는 것은 안 할 뿐이다.

동기 부족

지난 10여 년간 상담한 품행불량이나 주의산만 아동들의 사례를 살펴보면 이 책에서 소개한 행동치료법으로 못 고친 아이들이 거의 없다. 이러한 성공 비결에는 두 가지 요인이 있다.

하나는 이 책에서 설명한 행동교육법을 올바르게 적용한 것이고, 또 하나는 행동을 통제한 후에는 아이에게 필요한 덕목을 가르치기 위하여 아이에게 충분한 시간과 관심을 쏟고 아이에게 학교와 성취가 중요한 것임을 깨닫게 한 것이다.

하루에도 몇 시간씩 게임을 하다가 학기 말에 가서야 놀라우리만치 학교생활을 충실히 하는 아이들을 지켜보면서 이 아이들의 문제는 동기부여임을 깨달았다. 이런 아이들은 일단 행동을 통제하여 주의를 끈 다음 동기를 부여하는 것이 중요하다. 뇌에 문제가 있다고 보고 리탈린과 같은 약물을 투여하는 것은 어리석은 일이다. 이 아이들은 단지 천방지축 개구쟁이에다 동기가 부족할 뿐이다.

ADHD가 증가하는 요인들

대부분의 부모들은 건강한 아이를 출산할 때 엄청난 기쁨을 느낀다. 그러나 이런 기쁨은 2년 후에 아이가 미운 세 살이 되면 좌절과 울화, 심지어 우울증으로까지 바뀐다. 아이가 매우 활발하고 기운이 넘치는 경우는 특히 괴로워진다. 아이가 지나치게 활동적일 때 부모가 어떻게 키워야 할지 몰라 당황하면 아이는 더욱 산만해지고 행동을 바르게 하지 못하게 된다.

가족 내 스트레스

《정신질환 진단 및 통계 편람(Diagnostic and Statistical Manual of Mental Disorders)》(제4판)에 수록된 대부분의 진단은 병이 아니라 스트레스로

인한 부적응이다. 《정신질환 진단 및 통계 편람》은 미국 정신의학협회(American Psychiatric Association)가 출판하는 서적으로, 정신질환을 진단할 때 가장 널리 사용된다. 그러나 각 증상을 치료하는 방법은 설명하지 않고 있다. 《정신질환 진단 및 통계 편람》에 실린 주의력결핍과 과잉행동장애를 진단하는 기준은 다음과 같다.

《정신질환 진단 및 통계 편람》에 실린 주의력결핍과 과잉행동장애를 진단하는 기준

A. (1) 혹은 (2)일 때

(1) 다음 주의력 부족 증상 중 6개 이상이 정상 발달에 지장을 줄 정도로 6개월 이상 지속될 때

●주의력 부족

ⓐ 세부 사항에 주의를 기울이지 않거나 공부, 일, 기타 활동에서 부주의한 실수를 한다.

ⓑ 맡은 일을 하거나 놀이를 할 때 주의를 지속적으로 유지하기 어렵다.

ⓒ 사람들이 말을 할 때 귀를 기울이지 않는다.

ⓓ 지시 사항을 따르지 않고 공부나 맡은 일을 하지 않는다(반항 심리 때문도 아니고 지시 사항을 이해하지 못해서도 아니다).

ⓔ 일이나 활동을 계획하기가 어렵다.

ⓕ 정신적인 노력을 지속적으로 요구하는 일(공부, 숙제 등)을 회피하고 싫어한다.

ⓖ 준비물(장난감, 과제물, 연필, 책, 도구 등)을 잃어버린다.

ⓗ 외부 자극에 쉽게 산만해진다.

ⓘ 일상적으로 해야 할 일을 잊어버린다.

(2) 다음 과잉행동 및 충동적 행동 증세 중 6개 이상이 정상 발달에 지장을 줄 정도로 6개월 이상 지속될 때

●과잉행동

ⓐ 손이나 발을 떨거나 계속 꼼지락거린다.

ⓑ 교실이나 앉아 있어야 할 곳에서 자리를 뜬다.

ⓒ 얌전히 있어야 할 곳에서 소란스럽게 뛰어다니거나 기어오른다.

ⓓ 조용히 여가 활동을 하거나 놀지 못한다.

ⓔ 끊임없이 활동하거나 마치 무엇인가에 쫓기는 것처럼 행동한다.

ⓕ 끊임없이 말을 해댄다.

●충동적 행동

ⓖ 질문이 끝나기 전에 성급하게 대답한다.

ⓗ 자기 순서를 기다리지 못하고 다른 사람들을 방해하거나 불쑥 끼어든다(예: 대화나 게임에 갑자기 끼어든다).

《정신질환 진단 및 통계 편람》에서는 주의력결핍 과잉행동장애를 스트레스 관련 질환으로 간주한다. 그렇다면 아이가 어떤 스트레스를 받는지 알아보고 그 스트레스가 어떻게 동기 부족, 산만한 태도, 주의력 부족으로 이어지는지 살펴보자. 우선 전형적인 미국인 가정이 겪는 스트레스를 살펴보고 그 스트레스가 아이에게 어떤 영향을 끼치는지 알아보자.

■ 가정 내 스트레스는 악순환을 일으킨다

평범한 두 부모 가정이 오늘날 겪는 스트레스와 한 부모 가정이 그 두 배로 겪는 스트레스에 대해 생각해보자.

아침 6시: 알람이 울린다. 서둘러 옷을 입고 아침을 차리고 아이들이 어

린이집이나 학교에 가도록 준비시킨다. 복잡한 출근길을 힘겹게 지나 아이들을 내려놓는다. 아이들은 버스 정류장에서 스쿨버스가 올 때까지 보호자 없이 기다려야 한다. 학교가 파한 후에도 아이들을 어떻게 해야 할지 걱정이다. 맞벌이 부부의 아이들은 부모들이 퇴근길에 데리러 올 때까지 방과 후 교실에 맡겨진다.

오후 6시 : 엄마와 아빠는 아침에 한바탕 난리를 치고 나간 집안 꼴을 본다. 가족은 텔레비전 앞에서 저녁을 먹고 필요한 최소한의 말을 한다. 급히 주방을 치우고 아이들 숙제를 봐주고 씻기고 재운다. 마침내 부부는 한숨 돌린다. 하지만 애정 표현은커녕 말할 힘도 없다. 각자 자신에게 주어진 일이 너무 많다고 생각하고 집안일이 밀린 것은 상대방의 탓이라고 여긴다. 배우자가 집안일을 공평히 나누어서 하지 않는다고 속으로 불만과 미움만 쌓여간다. 행복한 결혼 생활은 분명 아니다. 주말이라고 별다를 바 없다.

연구 조사에 따르면 이런 풍경이 현재 미국 가정의 전형적인 모습이라고 한다. 이러니 가족 내 긴장이 고조되는 것은 당연하다. 가정 내 긴장은 아이도 금방 눈치채고 불안해하거나 이따금 과잉행동으로 나타나기도 한다.

저자이자 이론가, 심리치료사인 토머스 무어(Thomas Moore)는 자신의 저서 《영혼의 돌봄(Care of the Soul)》에서 이렇게 쫓기며 살아가는 기술 발전 시대의 생활방식을 '현대인 증후군(Modernist Syndrome)'이라고 불렀다. 무어는 이런 생활 형태 때문에 심리적 증상이 생긴다고 했다. 어른뿐만 아니라 아이도 이러한 현대적 삶의 모든 영향을 받는다.

가정 내 긴장 및 스트레스와 품행불량 또는 주의산만 아동의 행동 사이에 놓인 상호 관련성을 주목하자. 가정 내 긴장은 아이를 불안하게 만들고 정서불안의 요인이 된다. 그러한 아이는 부모의 스트레스를 가중시키고, 부모의 스트레스는 아이의 스트레스를 심화시키는 악순환이 일어난다. 한 부모 가정이라면 그 양육자가 받는 스트레스는 거의 견디기 어려울 정도가 될 수 있다.

사실상 방치되는 아이의 정서적 욕구

아주 기본적인 욕구가 방치되는 아이들이 있다. 먹을 것, 잘 곳, 옷 같은 것을 의미하는 것이 아니다. 이러한 필수 요소를 아이에게 제공하지 않으면 법적 방치라고 하여 법적 처벌을 받을 수도 있다. 내가 말하는 기본적인 욕구란 정서적인 욕구를 말한다. 즉 애정, 보살핌, 부모와 따뜻한 교감을 나누는 시간 등을 말하는 것이다.

의도하지 않았을지라도 이러한 욕구를 방치하면 아이의 정서 발달에 큰 손상을 입힐 수 있다. 이것이 '사실상 방치'며 항상 시간에 쫓기며 살아가는 현대인의 생활 방식 때문에 불행하게 발생하는 자녀 방치의 형태다. 이러한 정서적 방치로 인해 아이는 멍하니 앉아 있는 시간이 많아지고 의욕이 없어지며 통제하기 힘든 아이가 된다.

가치관을 잃어버린 현대인의 삶

하루에 30분이라도 좋으니 아이와 함께 의미 있는 시간을 보내려고 노력하라. 그 시간 동안 아이에게 필요한 덕목과 목표, 이상을 가르쳐주고 평소에는 꾸준히 모범을 보이고 참을성 있게 애정으로 보살펴주어야 한다.

무어(1992)는 생활 방식을 단순화하고 느리게 하는 것이 육아 문제를 해결하는 가장 좋은 방법이라고 제안한다. 이것은 새로운 아이디어가 아니다. 헨리 데이비드 소로 같은 철학자나 칼 융 같은 정신분석학자와 동서양의 무수히 많은 종교에서 느리고 간소한 삶을 설파해왔다. 나는 이 책에 이러한 목표로 나아갈 수 있도록 몇 가지 제안을 실었다.

대가족 해체

사회학자들의 연구에 따르면 현대인의 생활 방식 외에 또 다른 문제가 바로 대가족 해체와 부모와 자식이 가까이 살지 않아 서로 도움을 주고받을 수 없는 상황이다.

할머니, 할아버지, 삼촌, 숙모, 사촌과 같이 사는 대가족에서는 식구가 아이를 기르는 데 동참한다. 가족들은 아이에게 가치관을 가르치고 아이는 여러 가족 구성원들에게 그들이 가르치는 내용과 방식을 배운다.

가족 전체가 아이에게 열심히 노력하고 학교생활에 충실하고 맡은 일에 자부심을 가지라고 동기부여를 한다. 가족들의 관심과 격려 속에서 아이는 보편적 가치를 지키는 법과 자신의 행동을 절제하는 법을 배운다.

그러나 요즘에는 대가족에서 성장하는 아이가 거의 없다. 가족원이 적기 때문에 부모가 아이에게 전통적인 가치를 가르치는 일을 전담해야 한다. 그러니 요새 아이들 중에 맡은 일에 집중하면서 노력하고, 자제하고 성취하는 아이를 찾아보기 힘든 것은 당연하다. 대신 주의력결핍장애나 주의력결핍 과잉행동장애 진단을 받는 아이들이 생겨나고 있다.

늘어나는 일상의 스트레스, 의도치 않은 사실상의 방치, 긴장이 도는 가정환경, 가정교육과 집안일을 지원하던 대가족의 해체가 ADD, ADHD 아동이 급증하게 된 주요 원인이다.

프랑스 사회학자인 에밀 뒤르켕(Emile Durkheim)은 이런 현상을 '사회 해체 신드롬'이라고 불렀다. 뒤르켕은 사회적 가치가 해체되고 개인을 지원하는 사회구조가 무너지면서 모든 종류의 인간 문제가 증폭되었다고 지적했다. 나는 이 인간 문제에 아이들의 문제도 포함시켜야 한다고 생각한다. 아이들은 자신들이 받는 교육을 중요하게 여기지 않으며 열심히 노력해야 한다는 동기부여도 받지 못하고 있다.

다른 아동 문제도 증폭되고 있다. 1970년대 이래 청소년 범죄, 청소년 자살, 약물 및 알코올중독, 묻지 마 살인이 300퍼센트나 증가했다. 이런 사회 현상이 이유 없이 일어나지는 않는다. 이런 수치들은 우리 사회의 재평가와 재조정이 필요하다는 것을 보여준다.

우리는 이 책에서 제시하는 건전한 자녀 양육법을 통해 사회 변화에 동참할 수 있다. 그 변화는 가정 분위기를 바꾸는 것에서 출발할 수 있다.

미디어의 문제

주의력 문제가 중요한 덕목의 약화로 생겼다면 미디어의 탓이 클 것이다. 우리 아이들은 텔레비전으로 무엇을 보는가? 연구에 따르면 보통 미국 아동은 매일 오후 5시에서 7시 사이에 텔레비전을 시청한다. 아이들은 가족과 교육이 중요하다는 메시지를 담은 프로그램을 볼까, 아니면 섹스, 폭력, 범죄를 다루는 프로그램을 볼까?

아이들이 좋아하는 노래의 가사를 들어보라. 신경 써서 들으면 깜짝 놀랄 것이다. 미디어는 강력한 학습 효과를 가진 수단이다. 그러나 그 미디어가 우리 아이들이 꼭 배워야 하는 내용만 가르치는 것은 아니다.

왜 주의산만 및 품행불량 아동들이 정서 문제를 겪는가

주의가 산만하고 품행이 불량한 아동의 문제행동을 제대로 다루지 못하면 정서 문제가 이어진다. 특히 잦은 부부 싸움이나 가정 불화, 여유 없는 바쁜 생활 등으로 높아진 가족 내 긴장과 갈등은 아이에게 불안 장애를 일으키는 배경이 된다. 게다가 너무 버릇없게 구는 아이들은 주변 사람들에게 좋지 않은 시선을 받게 되고, 그것이 아이와 부모의 문제를 더 악화시키는 요인이 되기도 한다.

현실을 직시하자. 주의산만 및 품행불량 아동은 다른 이들에게 불쾌한 감정을 일으킨다. 교사들은 대체로 이런 아이를 싫어하고 어떤 교사들은 경멸하는 표정을 짓기도 한다. 내가 어린 시절을 마음 아프게 떠올렸을 때 나타나는 풍경이다. 선생님은 화가 나서 자주 벌을 준다. 그리고 시험 점수가 낮으면 아이의 자아 존중감도 떨어진다.

아이의 문제행동은 다른 아이들에게 놀림거리가 되기도 하며 주변 아이들의 괴롭힘과 집단 따돌림의 원인이 되기도 한다. 급기야 분노가 폭발하여 아이는 치고받는 싸움을 벌이기도 한다. 이런 상황에서 부모에게조차 부정적인 대우를 받으면 아이의 자존감은 무너지고 정서 문제까지 일어나게 된다.

보호자가 올바른 자녀 양육법을 배우고 환경이 아이에게 주는 스트레스가 줄어들면 아이는 정서적으로 더 안정된다. 이에 따라 예의바른 행동을 하고 자존감이 높아져 모든 일에 적극성을 띠게 된다.

우리가 아이를 위해 할 수 있는 최선의 방법은 주의산만 및 품행불량 아이들에게 맞는 제대로 된 교육법을 배워 행동을 바로잡는 것이다. 아이의 입에 넣은 알약 한 알이 문제행동을 바꾸지는 못한다.

아이를 바꾸려 하기보다 부모가 달라지는 것이 더 효과가 크다

아이에게 주 단위로 놀이나 대화 요법을 써서 치료하는 것보다 주된 양육자가 달라지는 것이 효과가 더 빠르고 크다. 물론 아이가 돌이키기 힘들 정도로 큰 상실감을 겪었거나 신체적·정신적인 학대까지 함께 겪었다면 의사가 아이를 직접 상담해야 한다. 심각한 정서 문제를 안고 있는 아이들은 자신이 겪는 문제에 대처하는 방법을 스스로 배울 필요가 있다.

그러나 내가 본 주의산만 및 품행불량 아동들은 대부분 정서적인 문제는 없었고 행동 문제만 보였다. 훌륭한 자녀 교육은 모든 사람들의 스트레스를 줄여주며, 각종 사회문제까지도 줄여준다.

아이를 올바르게 교육하면 아이의 문제행동이 줄어들고 따라서 부모의 스트레스도 줄어든다. 부모가 아이에게 맞는 올바른 자녀 교육법을 실행하면 아이가 안정을 찾게 되고 가정 내 긴장이 누그러진다. 이러한 가정 내 긴장이 바로 아이가 과격한 행동을 하는 주요 원인이 되었던 것이다.

자녀 교육을 제대로 하면 아이들은 체계가 잡힌다. 즉 자신의 행동 범위를 설정하고 그 안에서 행동할 수 있게 된다. 그 결과 집안은 더욱 평화로워진다. 악순환의 고리가 끊어지고 선순환이 생긴다.

대개 부모와 교사가 아이와 가장 자주 접촉하지만 조부모나 손위 형제자매, 가족의 친구, 학원 선생님들도 아이의 성장에 중요한 역할을 한다.

아이와 어느 정도 시간을 함께하는 사람들은 누구나 가정 불화와 아이의 증세를 줄이는 교육에 동참해야 한다. 때로는 아이의 부모뿐 아니라 조부모도 프로그램에 동참해야 한다.

나는 버지니아에 있는 한 대학에서 교사들에게 이 책에 서술한 부모 역할 훈련을 시행하는 기술을 가르친다. 아이를 돌보는 모든 사람들이 교육을 받으면 아이를 양육하는 데 일관성과 안정성을 유지할 수 있다. 그리고 양육법이 일관되면 아이의 혼란이 줄어든다.

부모가 달라지면 아이들은 어떤 상황에서 어떻게 해야 하는지 어른보다 더 빨리 터득한다. 또 아이를 교육하는 문제를 놓고 벌이는 보호자들 간의 논쟁도 줄어들고 가정 내 긴장 또한 줄어든다.

이 책에서 소개하는 기술은 매우 효과가 좋다. 기술을 효과적으로 활용하려면 단호하면서도 자상해야 하며 아이에 대해 책임감을 지녀야 한다. 모든 아이들에게도 그렇겠지만, 특히 주의산만 및 품행불량 아동에게는 체계적인 지도와 일관성이 필요하다. 단호하게 이런 필수적인 요소를 제공하지 못하면 아이는 완전히 혼란에 빠져 행동거지가 끔찍해진다.

많은 사람들이 훌륭한 부모가 되는 법을 배우고 싶어한다. 그럼 이제 시작할 준비가 되었는가? 다음 이야기로 넘어가보자.

04
ADHD를 조장하는 부모의 실수

무엇보다 중요한 것은 자존감과 사랑

 여기서는 주의산만 및 품행불량 아동의 부모가 명심해야 할 사항을 10가지로 정리했다. 더불어 이 내용은 모든 부모들이 명심해야 할 사항이기도 하다. 이 내용들은 부모 역할 훈련의 밑바탕이 되며, 부모로서 갖추어야 할 덕성이 되기도 한다. 또 부모 역할 훈련의 가장 중요한 개념이기도 하다. 단지 몇몇 기술을 익히는 것보다는 부모의 덕성이 근본적인 요소이므로 이를 내재화하면 아이를 대하는 마음가짐이 달라질 것이다. 더불어 자주 범하는 실수를 통해 앞에서도 말했듯이 약물 없이 아이의 문제를 해결하는 법을 되새겨보자.

당신은 당신의 아이를 제대로 사랑하고 있는가

이 책에 있는 모든 내용을 정신과 의사로서 또 세 아이의 아버지로서 마음에서 우러나오는 한 단어로 정리하자면 '사랑'이라고 말하고 싶다. 이 책에 쓴 모든 내용(부모 역할 훈련, 주의산만과 품행불량이 병이 아니라는 것, 약물 복용의 위험성, 의욕이 넘치고 독립적인 아이로 키우기 위한 제안)을 나는 확신한다. 그러나 우리가 우리 아이들과 깊은 사랑의 관계를 맺지 않으면 그 어떤 기술도 아무런 의미가 없다.

내가 좋아하는 작가 중 한 명인 디팩 초프라(Deepak Chopra)와 내가 가장 좋아하는 책인《성경》에서 사랑은 이타적이라고 배웠다. 사랑을 줄 땐 아낌없이 주고 보답을 바라지 않기 때문이다. 동시에 사랑은 이기적이기도 한 행위다. 사랑을 하면 기쁨과 평화, 평온을 돌려받기 때문이다.

다른 사람들에게서 많은 사랑을 받을수록 인생은 더욱더 아름답고 풍요로워진다. 더불어 부모 역할 훈련을 통해 세부적인 기술을 익히면 부모와 자식 관계가 분노와 좌절로 가득 찬 관계에서 긍정적이고 사랑스러운 관계로 발전할 수 있을 것이다.

여러분의 자녀는 소중하다. 아이가 더 조심히 행동하고 스스로 생각할 줄 안다면 아이를 더욱더 사랑하게 될 것이다. 여러분의 아이가 더 이상 환자나 장애를 가진 아이로 취급받지 않고 자신의 잠재력을 최대한 발휘할 수 있길, 그리고 절대, 절대로 다시는 리탈린과 같은 처방약에 손도 대지 않기를 진심으로 바란다.

앞서 나는 주의력 문제가 병이라는 증거도, 그리고 그것이 뇌 기능 이상 때문에 발생한다는 확실한 근거도 전혀 없다고 주장했다. "그럼 우리 아이는 왜 이러는 거냐?"고 궁금해할 부모들을 위해 아이를 주의산만이나 품행불량으로 만드는 부모의 10가지 실수를 살펴보겠다. 또 지금까지 설명한 해결법을 되짚어보겠다.

흔히 하는 부모의 10가지 실수

1. 아이에게 자주 고함을 치거나 아이를 협박하는가

아이나 다른 식구들에게 자주 고함을 치면 아이는 남의 말을 무시하는 법을 배우고 그렇게 훈련된다. 집안이 시끄러우면 아이가 어떤 것에도 집중할 수 없게 된다.

★해결법: 항상 보통 크기 목소리로 말해라. 아이에게 지시할 일이 있으면 보통의 목소리로 차분하고 단호하게 말해라.

2. 아이에게 자주 매를 드는가

아이를 자주 때리면 아이가 주변의 불편한 것들을 무시하는 성향을 갖게 된다. 또 체벌은 아이의 정서를 불안하게 해서 학습을 방해하고 더 산만하게 만든다.

★해결법: 나중에 설명할 타임아웃(time-out, 잠깐 정지) 기술을 사용한다. 공격성과 같은 심각한 표적 행동을 할 때는 강화를 제거하는 방법을 쓴다.

3. 상황에 따라 아이를 대하는 태도가 달라지는가

부모가 일관성 없이 그때그때 상황에 따라 모순되는 태도를 보이면 아이는 무엇이 옳고 그른지 혼란스러워진다. 언제 무엇을 해야 하고 무엇을 하지 말아야 할지 알 수 없게 되는 것이다.

★**해결법**: 옳은 일을 하면 일관성 있게 칭찬하고 옳지 않은 일을 하면 일관성 있게 '타임아웃'을 시킨다.

4. 아이를 대신해 무엇이든 해주는 편인가

아이를 위해 모든 일을 다 해주면 아이는 생각하는 법을 배우지 못하고, 문제를 해결하기 위해 노력하지 않고, 아무것도 스스로 할 수 없게 된다. 주의력 문제를 겪는 아동의 주요 특징 가운데 하나가 생각을 하지 않는 것이다.

★**해결법**: 아이가 스스로 생각하고, 기억하고, 주의를 기울이도록 하라. 아이가 자신의 일을 스스로 찾아서 하도록 하고 집안일을 돕도록 하라. 해야 할 일이 무엇인지뿐만 아니라 그 일을 언제 해야 할지도 아이가 기억하게 하라.

구체적인 예를 들어 이해를 돕겠다. 어느 날 큰애가 친구에게 전화를 하려는데 전화번호가 없었다. 친구의 엄마 이름도 기억나지 않았다. 친구 집이 어느 거리에 있는지는 알았지만 정확한 주소를 몰랐다. 아이는 내게 전화번호부에서 찾아달라고 했다.

나는 전화번호를 찾아주는 대신 아이에게 어떻게 하면 전화번호를 알아낼 수 있을지를 물어보았다. 그렇게 하자 아이는 114에 전화해서 성과

거리 이름으로 번호를 찾을 수 있는지 문의했다. 불가능했다. 그래서 아이는 직접 전화번호부에서 성과 거리 이름으로 번호를 찾았다. 문제를 해결했을 뿐만 아니라 자신의 사고력에 대한 자신감을 더 한층 키웠다.

좋은 부모는 아이의 시중을 들어줘야 한다는 잘못된 생각을 버려라. 아이를 의존적으로 키우는 것은 아이에게 장애를 심어주는 것과 같다.

5. 아이에게 일일이 해야 할 일을 지시하는가

부모가 아이에게 할 일을 일일이 상기시켜주면 아이는 스스로 생각하지 않는 습관을 갖게 된다.

★해결법: 아이가 자신이 해야 할 일을 기억하면 칭찬하고 기억하지 못하면 잠깐 멈추고 생각하도록 타임아웃을 하라.

6. 일이 벌어지기 전에 미리 일어날 일에 대해 경고하는 편인가

아이에게 잘못된 행동의 결과에 대해 경고하는 것도 해야 할 일을 상기시켜주는 것과 비슷하며 역시 아이가 생각하지 않게 만든다.

★해결법: 잘못했을 때는 멈추고 생각하도록 타임아웃을 시켜라.

7. 아이의 숙제를 옆에 앉아 도와주는가

아이가 숙제하는데 옆에 같이 앉아서 도와주면 의존성만 키울 뿐이다.

★해결법: 교사에게 아이가 숙제를 성의 없이 하거나 안 해온다는 말을 들으면 강력한 조치를 취하라. 방과 후 자유 놀이 시간 금지와 같은

강력한 조치를 취해서 아이가 숙제를 성실히 마치기 위해 낑낑대는 것을
지켜보라.

8. 칭찬에 인색한가

아이가 훌륭한 행동을 했는데도 칭찬하지 않으면 숙제하기, 자기 일
하기, 문제 해결하기, 주체적으로 행동하기 등과 같은 바른 행동을 하려
는 의욕이 줄어든다. 문제행동을 스스로 고치고 나아졌다면 아낌없이 칭
찬하라.

★**해결법:** 주의산만 및 품행불량 아동들은 대체로 동기가 부족하다. 이
런 아이들에게는 매일매일 하는 충분한 칭찬이 약이 된다.

9. 아이의 정서적 요구에 민감하게 반응해주는가

(의도치 않은) 사실상의 방치는 주의산만 및 품행불량의 주요 원인이다.
이를테면 부모가 바빠서 조부모가 아이를 양육하는 경우에도 아이는 상실
감을 겪을 수 있다. 또 부모가 아이를 양육하더라도 아이가 성장할 수 있
도록 따뜻하게 양육하지 못하고 부적절하게 대하면 아이의 기가 죽는다.

스트레스가 많고 정신없이 바쁘게 사는 현대인들은 아이에게 필요한
사랑과 관심을 충분히 주지 못한다. 주의력결핍장애 진단을 받는 아이들
이 늘어나는 까닭은 그것이 전염병이라서가 아니라 충분한 사랑과 보살
핌을 받지 못한 아이들이 단지 조심하지 않기 때문이다.

★**해결법:** 바쁜 일정을 쪼개 매일 아이와 함께하는 시간을 충분히 확보
해라. 아이는 부모의 관심이 필요하다.

내가 친구 피트와 그의 부인 셜리에게 배운 점이 있다. 이들 부부는 아무리 바빠도 항상 밤마다 위층에 있는 아이 한 명 한 명에게 가서 15분에서 한 시간 정도 이야기를 나눴다. 그리고 이런 귀한 시간을 기도와 뽀뽀로 마무리했다. 그 아이들은 큰 성공을 거두었을 뿐만 아니라 정서적으로도 안정된 성인이 되었다.

이혼한 아버지인 나는 우리 아이들과 함께 보내는 시간을 매우 소중히 여긴다. 아이들과 함께 있을 때 아이들 방이나 내 방에 가서 번갈아가며 책을 읽는다. 케빈과 알렉스는 유머러스한 책을 좋아한다. 책을 읽고 나서 우리는 내가 피터와 셜리에게 배운 대로 대화를 나눈다. 마지막으로 무릎을 꿇고 기도를 하고 아이들을 재운다.

확신하건대 이와 비슷한 의식을 매일 밤 아이들과 함께 한다면, 그것도 아이가 아주 어릴 때부터 그렇게 한다면, 전문가의 상담 치료나 조언은 필요치 않을 것이다.

10. 배우는 즐거움을 느끼도록 해주었는가

교육과 독서의 중요성을 가르치지 않으면 아이는 평생 고달파질 것이다. 최근에 우리 상담실에 열두 살짜리 딸을 데리고 온 부모가 있었다. 아이가 수업 시간에 집중을 안 하고 친구들이랑 수다만 떠는데 관심사는 오직 하나 남자애들이라는 것이다. 교육의 중요성을 강조하는 집안은 아니었다. 그러니 어떻게 아이가 수업에 집중할 수 있을까? 부모는 아이에게 교육의 중요성을 가르쳐야 한다.

★해결법: 첫째, 유치원 때부터 아이의 유치원 생활에 진지하고 깊은 관심을 가져라. 아이와 함께 앉아 서로 그날 있었던 일에 대해 이야기를

나누어라. 저녁 식사 시간에 텔레비전 앞이 아니라 식탁에 온 가족이 둘러앉아 이야기를 나누어라.

물론 교육은 좋은 직업을 얻는 데 중요한 요소다. 하지만 교육은 그 자체만으로도 중요하다. 만약 부모가 배움에서 즐거움을 느낀다면 그 배움의 즐거움이 아이들에게 자연스럽게 전달될 것이다. 아이가 학교생활을 잘할 수 있도록 하려면 시간과 관심, 사랑, 학교생활에 대한 흥미, 학습과 교육이 필요할 것이다.

둘째, 다양한 교육적인 체험을 할 수 있도록 기회를 마련하라. 가족끼리 동물원, 박물관, 연극 공연, 라이브 음악회, 유적지, 자연 및 과학 체험교실, 대학교 캠퍼스를 찾아가라. 즉 배움을 신나고 재미있는 일로, 가족이 중시하는 가치로 만들어라.

셋째, 독서를 가족 구성원의 으뜸 습관으로 삼아라. 책을 좋아하는 아이는 주의력 문제를 잘 보이지 않는다. 앞에서 말한 10가지 실수를 유념하고 각 해결책을 지키며 다음에 나올 부모 역할 훈련법을 잘 따르면 아이가 놀랍게 달라질 것이다. 또 주의가 산만하고 문제행동을 보이던 아이의 행동과 사고 패턴이 바뀌어 더 이상 리탈린과 같은 약물이 필요하지 않을 것이다.

문제가 다시 시작돼도 걱정하지 말자. 주의력 및 행동 문제를 예방하고 물리치는 것은 순전히 부모의 의지에 달려 있다. 당신이 가장 사랑하고 신이 내린 축복인 아이의 행복을 위해 항상 정신 차리고 부지런히 노력하라.

아이의 있는 그대로를 사랑하면
자신을 사랑하는 아이로 큰다

일반적으로 부모가 아동의 특성을 잘 이해하고 그에 따라 아이를 잘 다루면 아이들의 문제행동이 통제되고, 품행이 무척 좋아져서 어른과 또래 친구들이 그 아이를 더 긍정적으로 대한다. 주변 사람들에게 받는 긍정적인 피드백과 적절한 대우는 아이가 긍정적인 자아 존중감을 형성하는 데 매우 중요한 요소가 된다. 그러나 부모는 산만하고 충동 조절이 힘든 아이가 더욱 자신감을 갖게 하고 리탈린과 같은 약물이 다시는 필요치 않다고 확신하게 하려면 추가적인 조치를 취해야 한다.

그중 한 가지는 지나친 자극을 없애고 조용히 보내는 시간을 갖게 하는 것이다. 그러면 아이가 더 차분해지고 평화로운 마음을 갖게 된다. 불안한 마음을 진정시키면 일반적으로 문제행동과 인지 문제를 줄일 수 있다. 이를 위해 몇 가지 제안을 하겠다.

낮은 자아 존중감이 문제행동의 원인이 된다

아이가 자신을 어떻게 생각하는지는 건강한 성장에 그 어떤 요소보다 중요하다. 자의식은 생각, 신념, 태도, 자신에 대한 깊은 믿음, 즉 우리가 자아상이나 자아 존중감이라고 부르는 것으로 형성된다.

미국의 정신과 의사인 에릭 번(Eric Berne)은 긍정적인 자아상을 '자기 긍정(I'm OK)'이라고 표현했다. 주의산만이나 품행불량 아동은 일반적으로 부정적인 사고방식과 감정들을 갖는데 이는 번이 말한 '자기 부정(I'm not OK)' 상태다. 그렇다면 어떻게 그런 태도를 바꿀 수 있는지 이야기하겠다.

자아상이 부정적이면 인생은 거듭된 실패와 자기 가치 상실로 점철된다. 이런 악순환은 인생의 거의 모든 부분에서 일어나고 점차 강도가 세진다. 이런 현상이 어떻게 일어나는지 살펴보자.

주의산만 및 품행불량 아동은 다음과 같은 이유로 자아 존중감이 낮다.

첫째, 이 아이들은 충동적이고 남을 불쾌하게 하는 행동을 해서 종종 다른 아이들에게 놀림의 대상이 된다. 다른 아이들이 놀려서 이성을 잃고 불같이 화내면 그것이 더욱더 큰 웃음거리가 된다.

둘째, 부모와 교사가 이런 아동을 종종 바보나 게으름뱅이라고 부른다. 다행히도 대부분의 교사나 부모들은 그런 잔인한 대우를 피하려고 한다. 그러나 분노, 실망, 경멸을 나타내는 작은 표정 하나도 아이에게는 강력한 영향을 끼칠 수 있다. 이를 명심하라. 어른들이 의도치 않게 그럴 수 있다. 표정과 몸짓은 숨기기 어려운 자연스러운 반응이지만 아이들의 정서 발달에 크나큰 타격을 줄 수 있다.

셋째, 아동의 자기 비하, 자기 연민성 발언이나 부정적인 발언은 내면화되어 자신의 진짜 생각이 될 수도 있다. 어른이 아이의 그런 말투를 보고 관심이나 동정을 보이거나 아이가 원하는 대로 하게 하면 아무리 의도하지 않았을지라도 그런 말투를 강화하는 결과를 초래한다.

그런 식으로 한번씩 강화될 때마다 말투는 말버릇으로 굳어진다. 반복해서 계속 그런 말을 하다 보면 아이들은 자신이 진짜 기분이 저조한 것과 그런 척한 것을 구분하지 못하게 된다. 그러다가 시간이 갈수록 거의 항상 저조한 기분 상태가 된다.

이런 아이들은 자신이 몇 해 동안 되풀이해서 말한 것을 점차 진짜로 믿기 시작한다. 한마디로 자신은 형편없고 세상도 그렇다고 생각하게 된다. 심리학 용어로는 이를 내면화라고 한다. 열 살이 되면 이 내면화가 완성된다. 건전하지 못한 사고방식이 내면화되면 바꾸기가 힘들고, 성인이 되어서도 영향을 미친다.

되도록 일찍 발견하여 예방하는 것이 최선이다

성급하고 충동적인 아이의 부모라면 아이가 건전한 자아상을 확립할 수 있도록 일찍부터 개입해야 한다. 아이를 대하는 태도에 섬세한 주의를 기울여라. 아이의 작은 성공에도 칭찬을 해줘라. 아이가 배울 수 있는 복잡한 일을 여러 단계로 쪼개서 가르치고 한 단계씩 성공할 때마다 칭찬하라.

학교에 다니는 나이가 되었다면 아이에게 식사 준비 돕기와 같은 집안일을 시키는 것이 성취감을 키우는 데 도움이 될 수 있다. 캔을 따서 내용물을 그릇에 담는 작은 일이라도 좋다. 아이가 자신이 중요한 사람이라고 느끼고 자신감을 갖고 독립심을 기를 수 있도록 도우라. 아이가 도와주면 작은 일이라도 기쁘다고 말해주고 칭찬해주어라. 내가 자주 쓰는 양육법 중 하나가 아이가 있는 곳 바로 옆방에서 일부러 아이가 들을 수 있도록 칭찬하는 것이다.

아이가 아주 가끔씩 부정적인 말을 하면 무릎에 앉히고 아이의 기분을 물어보라. 이때는 아이가 자기 연민성 발언이나 자신에 대한 부정적인 발언을 완전히 멈춘 후에 질문하라.

그러한 행동을 멈추면 아이가 자신에 대해 좋게 생각하지 않을 때는 안아주고 위로하고 안심시켜주어라. 아이가 잘할 수 있는 것들을 이야기해주고 긍정적인 부분과 장점을 찾아 생각해보자고 하자. 부모가 해주는 위로의 말이 아이가 긍정적인 자아상을 키우는 데 많은 도움이 된다. 아이가 자신에 대해 긍정적인 말을 할 때는 칭찬을 많이 하고 꼭 안아주어라.

아이가 긍정적인 말투와 근면한 학습 태도, 책임감 있는 행동을 할 수 있도록 부모가 본을 보여라. 아이가 잘하면 더 잘하도록 잘하는 행동을 강화하라. 이런 예방적인 조치를 취하면 아이는 결코 ADD나 ADHD 진단을 받지 않을 것이며 리탈린을 먹을 일도 없을 것이다.

아이가 자기 일을 할 때는 정서적으로도 독립적으로 하게 하되, 너무 딱딱하고 강하지 않도록 키워라. '딱딱하고 강하다'는 것은 존 웨인(서부극과 전쟁 영화에 많이 출연한 미국의 영화배우)같이 자신의 감정을 부인하거나 솔직한 감정을 표현하지 않는 것을 의미하기도 한다.

사람은 다정하고 감수성이 풍부한 동시에 독립적일 수 있다. 우리의 목표는 자녀가 진취적이고 자신감 넘치는 사람이 되도록 키우는 것이다. 아이를 위해 모든 것을 다 해주지 마라. 자신의 일을 스스로 하는 법을 가르쳐라. 주의산만 및 품행불량 아동은 독립적일수록 더 자신감을 얻는다.

아이가 이미 ADD나 ADHD 진단을 받았다면 악화일로를 치닫고 있을 것이다. 증상 악화를 즉시 그리고 완전히 막아야 한다. 증상이 악화되면 아이가 자신이나 남에 대해 부정적인 말을 할 때 자신이 진심으로 하는 말인지 일부러 하는 말인지 알지 못한다. 진실과 조작을 구분할 수 없기 때문이다.

부정적인 태도는 열 살이 되기 전에 반드시 없애야 한다.

자신의 감정을 솔직하게 표현할 기회를 줘라

어떻게 해야 주의산만 및 품행불량 아동이 자신의 기분을 터놓고 이야기하도록 할 수 있을까? 정서 문제를 겪는 아이들은 대체로 사회성 발달이 또래보다 늦기 때문에 자신의 감정을 표현하는 데도 익숙하지 않다. 그러므로 이 아이들이 자신이 지닌 감정의 타당성과 의미를 재정립하도록 해야 한다. 특히 자기 연민성 발언이나 부정적인 말투를 잘 관찰한 후에 서너 달이 지나서는 스스로 자기 기분을 표현할 수 있도록 허용하라.

■ 여덟 살 난 제인의 사례

제인의 부모는 첫 상담에서 아이가 매우 감정적이라고 했다. 뭐가 자기 마음에 안 들면 금방 울고 보챈다고 했다. 제인은 주의가 산만하고 평상시에는 매우 조용하다. 부모나 교사가 아이에게 숙제를 좀 시키려고 하면 운다.

"아무도 자기를 좋아하지 않는다"고 하거나 "자기는 아무것도 제대로 할 수 없다"고 끊임없이 말한다. 자기 연민성 발언은 매우 심각한 문제로 부모는 반드시 이 점에 주의를 기울여야 한다.

이것이 몇 해 동안 되풀이되어 제인은 자신을 동정하기 시작했고 나중에는 자신을 '괜찮지 않은' 사람으로 보았다. 즉 그런 감정을 내면화한 것이다.

부모 역할 훈련을 시행한 지 4달 만에 이런 말투는 완전히 사라졌다. 그 후로 제인의 부모는 아이에게 가끔씩 자기 연민성 발언을 하도록 허용해주었고 그럴 때마다 아이의 마음을 많이 위로해주었다.

우리는 아이에게 가끔씩 자괴감을 느끼는 것과 자신을 완전히 쓸모없는 인간으로 생각하는 것은 다르다는 것을 구분할 수 있는 능력을 키워주어야 한다. 프로그램을 하는 4달 동안 제인을 둘러싼 세계가 바뀌었다. 제인의 세계관이 긍정적으로 바뀌기 시작했고, 친구들과 선생님도 제인을 더 좋아하게 되었다.

우리 어른들이 그렇듯이 때때로 아이들도 자신이 싫어지거나 풀이 죽거나 스트레스를 받는다. 아이를 무릎에 앉히고 아이의 기분을 물어보라. 아이들이 느끼는 감정이 꾸며낸 것인지 진실한 것인지는 부모가 구분할 수 있다.

며칠 전, 우리 아들 케빈이 시무룩해 보였다. 기도 후 취침 시간에 나는 농담조로 "잘 자라, 내 판박이"라고 말했다. 케빈은 내가 그 아이 나이였을 때를 똑 닮았다. 그러자 심각하게 물어왔다. "아빠, 아빠도 제 나이 적에 이런 기분 느꼈어요?" "무슨 뜻이니, 아들?" 내가 물었다. "자신감이 줄어드는 기분이요."

나는 아이에게 왜 그런 기분이 드는지 물어보았다. 그러자 형에 대한 감정을 풀어놓았다. 형은 운동도 잘하고 공부도 잘한다는 것이다. 아이의 말에 맞서려고 하지 않았다. 그러면 아이에게 자신의 감정을 억누르게 할 뿐이다.

난 "아빠도 그 나이 때 그런 느낌을 가졌다"고 말했다. 형은 없었지만 뭐든 나보다 더 잘하는 것 같은 친한 사촌형이 둘이 있었다고 했다. 케빈의 얼굴이 환해졌다. 나는 아들에게 내가 커가면서 사촌형들보다 내가 더 잘하는 것을 발견했다고 말했다.

"케빈, 알렉스 형은 잘하지 못하는데 네가 잘하는 것을 말해봐"라고 말했다. 아이는 야구할 때 수비가 가장 뛰어난 선수가 맡는 유격수를 보고 알렉스는 좌익수를 맡는다고 한다.

나는 그것을 칭찬해주고 또 더 있느냐고 물었다. "저는 노래를 잘하는 편인데 형은 음정도 못 잡아요." 아이가 말했다. "그건 맞는 말이야"라고 웃으며 맞장구쳐주었다. "그리고 전 시를 쓰는 걸 좋아해요." 아이가 신이 나서 말했다.

우리는 케빈의 개성과 그 아이만이 지닌 특별한 재능에 대해 이야기했다. 우리는 좀 오랫동안 이야기했고 아이의 기분이 한결 좋아졌다. 케빈은 자신이 형과 다르다는 것을 깨달았고 자기 스스로에게 만족했다.

나는 그날 밤 케빈과 더 가까워진 것 같은 기분이 들었다. 아이가 편안하게 자신의 감정을 아빠에게 털어놓은 것이다. 그리고 케빈도 아빠가 형도 사랑하지만 자신을 있는 그대로 사랑한다는 것을 알고 더 안심했으리라 믿는다.

아이의 특성을 이해하면
아이를 다루는 방법이 보인다

주의산만 및 품행불량 아동의 사고방식이나 인지 패턴을 이해하는 것이 아이들을 다루는 열쇠가 된다. 이 아이들의 가장 기본적인 사고방식은 앞서 일어날 일을 미리 예상하거나 스스로 생각하지 않는 것이다.

그때마다 일일이 가르쳐주거나 달래고 재촉하면 인지 의존성을 강화할 뿐 아니라 아동에게 '너는 무능력하고, 스스로 생각할 수 없으며, 병에 걸렸고 일생 동안 리탈린과 남의 도움을 받으며 살아야 한다!'는 메시지만 전달될 뿐이다.

켄들과 브라스웰(1985)은 주의산만 및 품행불량 아동은 스스로 생각하기보다는 대부분 감정적으로 행동하거나 반응한다고 지적했다. 자신이 지금 무슨 행동을 하고 있는지, 자신의 행동이 주변 사람들에게 어떤 영향을 끼치는지 생각해보려고 멈추지 않는다. 자신의 행동이 어떤 결과를 가져올지도 생각하지 않는다.

이런 인지 방식은 주의력 문제의 3가지 요소인 보기, 듣기, 기억하기와 연관이 있다. 다시 말해 기억하지 못한다는 건 생각하지 않는다는 것과 같다.

부모나 교사가 이 문제를 해결하기 위해 사용해온 기존의 방식은 아동의 이러한 특성을 오히려 강화할 뿐이다. 그리고 아이에게 자기는 스스로 할 줄 아는 게 하나도 없고, 항상 도움이 필요하다는 의식만 심어줄 뿐이다. 기억을 못하고 생각을 안 하는 습관은 아이 주변 사람들이 항상 아이 대신 모든 걸 다 생각해주는 것과 관련이 깊다.

이렇게 비유해보자. 장님에 귀머거리인 사람이 있는데 그 사람을 위해 모든 것을 다 해주면 좋을까? 어쩌면 그렇게 하는 편이 혼자 하도록 놔두는 것보다 쉽고 빠를 것이다. 그러나 혼자서도 자신의 일을 스스로 처리할 수 있게 하는 것이 더 중요하다. 아이가 독립적으로 생존하려면 생각하기 싫어하는 습관을 반드시 고쳐야 한다는 것을 유념하라.

아이는 그 문제를 반드시 극복해야 하며 극복할 수 있다. 아이에게 혼자서도 잘할 수 있고 그래야 한다는 것을 가르쳐라. 아이들이 스스로 생각하도록 부모 역할 훈련의 기술을 이용해서 무개념 상태(속된 말로 멍 때리는 상태)를 끊어라. 아이가 해야 할 일을 기억하면 그 점을 칭찬하여 강화하고, 기억하지 못하면 타임아웃을 통해 스스로 생각할 기회를 주어라.

주의산만 및 품행불량 아동에게 동기를 부여하는 것은 매우 필요한 일이다. 좋은 교육을 받고 대학에 가고 경력을 쌓는 것이 중요하다고 이야기하는 것은 너무 추상적이다. 교육의 중요성을 가르칠 때는 말로 하기보다는 부모가 모범을 보여 배우는 즐거움을 깨닫도록 하는 것이 긴 안목에서 봤을 때 훨씬 더 도움이 된다. 그러면 아이 스스로 꿈과 목표를 갖게되고 학업 성취도도 좋아질 것이다.

산만하고 충동적인 아이에게는 마음을 다스릴 수 있는 조용한 시간이 필요하다

《성경》에 평화와 평정심에 대한 이야기가 수천 번도 더 나오지만 요즘 아이들은 《성경》 읽기를 별로 안 좋아한다. ADHD 연구의 일인자인 바클리에 따르면 과잉행동을 보이는 아동은 비디오게임을 하거나 텔레비전을 볼 때 혹은 매우 자극적인 일을 할 때는 꼼짝 않고 가만히 오래 앉아 있는 다고 한다.

모든 아이들은 지나친 자극에 중독될 수 있다. 많은 아이들이 매일 대부분 영양가 없고 그릇된 가치관을 주입하는 텔레비전 프로그램을 대여섯 시간씩 본다. 비디오게임도 몇 시간이고 한다. 그리고 많은 부모들이 아이들의 시간표를 빡빡하게 짜서 운동 서클, 음악 학원, 미술 학원 등을 보낸다. 나는 우리 동네에서 돌아다니는 아이들을 못 봤다. 밖에서 노는 아이들을 보기 힘들다. 아이들은 조용히 가만히 있는 시간을 1분도 못 견딘다. 침묵의 시간을 1분이라도 주면 아이들이 종알거린다. "지루해요!"

그러나 명상의 시간을 가지면 마음을 가라앉히고 내면의 평화를 찾게 된다. 아이들이 정신없이 바쁘게 돌아가는 생활로 내몰지 않기 위한 몇 가지 방법을 소개한다.

산만하고 충동적인 행동을 줄여주는 7가지 방법

1. 영양가 없는 텔레비전 프로그램 시청을 하루에 1시간 이상 허락하지 마라. 폭력적이거나 선정적인 방송 채널은 완전히 삭제하라.

2. 매일 저녁 가족 독서 시간을 가져라. 이 시간에는 아이를 안아주거나 옆에 있게 하라.

3. 잠들기 15분 전에 시간을 따로 내어 조용히 대화하라. 이 시간에는 무엇을 가르치려 들지 말고, 말하기보다는 아이의 말을 잘 들어주는 데 집중하라.

4. 일주일에 한 번 이상 아이와 평화롭게 산책하라. 손을 잡아라. 농담을 하라. 장난을

처라. 아이에게 자연의 아름다움과 고요를 느끼게 해주어라.

5. 팀 스포츠는 한 시즌에 하나씩만 허락하라. 일주일에 여러 경기를 준비하기 위해 운동 연습을 너무 많이 하도록 하지 마라.

6. 학교를 마치고 집에 돌아오면 밖으로 내보내서 1~2시간 동안 자유롭게 놀게 하라. 어른들도 매일 오후 3시 반부터 5시 반까지 스틱볼(막대기와 고무공으로 하는 야구 비슷한 놀이)이나 술래잡기, 축구, 사방치기를 한다면 정신과 의사나 심장병 전문의를 찾는 환자가 크게 줄어들 것이다.

7. 가끔 아이들을 공원, 개천 등 깨끗하고 맑은 곳에 데려가서 조용히 앉아 느긋한 마음으로 시간을 보낼 수 있도록 해라. 어른도 현대의 삶을 견디고 살아가려면 생활에서 고요함이 필요하다. 아이뿐만 아니라 여러분 자신을 위해 정신없는 생활 속도를 멈추어라. 지금 당장!

아이가 달라져 스스로 행동을 조절하고 통제할 수 있게 되면 아이는 주변 사람들에게 긍정적인 강화를 받고 자신감도 커진다. 꾸며낸 감정과 진짜 느낌을 분간할 수 있도록 도와주면 자신을 부정적으로 생각하는 어른으로 자라지 않는다.

무엇보다 아이를 안심시키고 위로해주면 아이는 건전한 자아 존중감을 갖게 되어 자신을 사랑하는 사람으로 큰다. 홀로 자신의 내면을 들여다보고 고요한 시간을 즐기면 산만한 행동을 진정시킬 수 있다. 이 모든 일을 실천하면 아이에게 리탈린과 같은 약은 필요치 않을 것이다.

부모가 달라져야
아이가 변한다

― 부모 역할 훈련이란 무엇인가 ―

05
부모력을 키우자

부모 역할 훈련 시작하기

 부모 역할 훈련은 주의산만 및 품행불량 아동을 위해 고안한 종합적인 자녀 교육 방법으로 아동의 특성에 맞춘 아이 다루는 법이다. 나는 현장에서 주의산만 및 품행불량 아동을 치료하고 연구하면서 아동의 행동을 교정하려면 무엇이 중요한지 파악했다.

나는 아동의 특정 행동을 고치고 사고방식을 재구성하고 약물치료를 중단시키려면 어떻게 해야 할지를 연구했다. 부모 역할 훈련은 기존의 행동치료와는 다르다. 무엇보다 약물의 도움 없이 주의산만 및 품행불량 증상을 완치하고 아동에게 놀라울 정도로 긍정적인 효과를 가져다준다.

부모 역할 훈련이란

　부모 역할 훈련(CSP, Caregivers' Skills Program)은 과학적으로 개발한 행동 치료법을 바탕으로 주의산만 및 품행불량 자녀를 둔 부모가 이해하고 따라 하기 쉽게 고안한 것이다. 부모 역할 훈련의 모든 내용은 수년간의 시험을 거쳐 검증받은 것이다.

　부모 역할 훈련의 기본 구조는 다음 그림과 같다. 보호자는 주의산만 및 품행불량 아동의 행동을 바꾸기 위해(바꾸고자 하는 행동을 표적 행동이라 한다) 긍정법과 부정법(강화법과 훈육법)을 배운다. 이 책에서는 이 기본 구조를 토대로 주의산만 및 품행불량 아동이 약물을 멀리하고 변화할 수 있

그림 5-1 ::: 부모 역할 훈련의 기본 구조

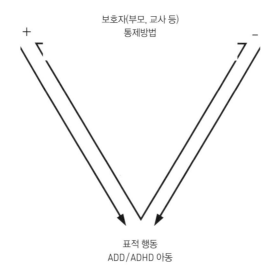

도록 하는 방법을 구체적으로 서술했다.

이 훈련을 통해 부모와 자녀 간의 부정적인 의사소통에 종지부를 찍고, 좀 더 평화롭고 조용하며 쾌적한 집안 분위기를 만들 수 있다. 부모는 이 훈련을 통해 소리치고 때리는 대신 건전하고 효과적인 방법을 배운다. 아이에게 인지 의존을 일으키는 각인시키기, 유도하기, 신호 주기도 멈추고 아이가 항상 스스로 생각하고 주의를 기울이도록 하는 방법도 배운다. 더불어 창의적인 표현을 할 수 있는 그림 그리기와 글쓰기 등을 통해 아이의 창의력을 강화하는 법을 배운다.

부모 역할 훈련은 아이의 시간과 에너지를 낭비하고 창의력을 떨어뜨리는 파괴적인 행동을 멈추도록 도와줄 것이다. 무엇보다도 이 프로그램을 통해 아이가 한결 침착해지고 부모와 아이 사이에 더 많은 친밀감을 쌓을 수 있다. 그리고 아이에게 인생에서 필요한 의미 있는 가치들을 가르칠 수 있다. 올바른 가치를 내면화한 아이는 더욱더 의욕적으로 변하고 자신의 발전을 위해 능력을 키우고자 한다.

이처럼 집중력은 날 때부터 갖고 태어나는 선천적인 능력이 아니라 자라면서 터득하는 후천적인 능력으로서 열정적이고 의욕적일 때 생긴다.

부모력은 타고나는가 학습되는가

어떤 부모들은 아이를 잘 키우는 능력을 타고난다. 즉 본능적으로 아이를 키우는 감각이 탁월한 사람들이 있다. 하지만 모든 부모들이 다 그렇지는 않다. 어떤 사람들은 좋은 부모가 되기 위한 기초 지식을 배울 기회가 전혀 없었을 수도 있다.

이 책은 당신의 자녀를 품행이 단정한 아이로 키우기 위해 필요한 기술을 가르쳐줄 것이다. 특히 주의가 산만하고 충동적이며 품행이 불량한 아동을 키우는 부모에게 도움이 되도록 썼다. 책에 나온 원칙들을 지키면 아이 키우기가 꽤 쉽고 심지어 즐거운 일이라는 것을 깨닫게 될 것이다.

수백 명의 부모가 이 프로그램을 통해 아이의 문제를 고쳐서 아이에게 화를 내고 난 후에 찾아오는 죄책감에서 벗어났다. 더불어 아이의 통제할 수 없는 행동과 부진한 학교 성적 때문에 괴로워하는 일도 없어졌다. 이젠 그런 일이 없어졌기 때문이다.

사례를 들어 부모 역할 훈련의 필요성을 설명해보겠다.

■ 조너선의 이야기

조너선은 귀여운 일곱 살이다. 학교에서는 자리에 앉아 있는 시간보다 돌아다니는 시간이 더 많다. 다른 친구들을 자주 괴롭히며 수업 분위기를 방해한다. 숙제는 하고 싶을 때만 한다. 선생님들은 조너선을 '악동'이라고 부르며 다른 아이들은 조너선이 돌발 행동을 할 때마다 놀려댄다. 아이는 자신을 괴롭히는 아이들과 치고받고 싸우기도 한다.

집에서도 학교에서와 마찬가지로 제멋대로 행동한다. 싱글맘인 엄마는 두 가지 일을 하고 방과 후에는 할머니와 할아버지가 돌봐주신다. 할머니와 할아버지는 엄마와 교육 방식이 달라서 아이의 문제행동을 더 심화할 뿐이다. 조부모는 아이가 해달라는 대로 다 해주고 엄마가 말리면 엄마를 비난한다. 조너선의 조부모와 엄마는 아이를 가르치는 교육관의 차이로 매일 다툰다.

조녀선은 자주 떼를 쓰고 엄마에게 "엄마는 나를 좋아하지 않아!"라고 소리치곤 한다. 아무도 자기를 좋아하지 않는다고 하며 엄마가 싫다고도 한다. 스트레스를 받고 예민해진 엄마는 아이에게 윽박지르고 소리를 치며 아이의 엉덩이를 때린다. 해가 갈수록 아이는 더욱더 삐뚤어진다.

엄마는 여러 번 전문가를 찾았다. 한 치료사는 조녀선과 일대일 치료를 시도했다. 다른 치료사는 조녀선에게 약물을 처방했고 행동수정 프로그램(토큰 경제 요법)을 실시했다. 아이가 착한 일을 할 때마다 스마일 스티커를 보상으로 주는 프로그램이었다. 그러나 두 가지 다 효과가 없었다. 세 번째 치료사는 조녀선이 병에 걸렸다며 병원에 입원시켰다. 의사는 항우울제를 처방했고 조녀선은 그 약을 먹고 무기력해졌다.

어머니가 걱정하자 의사는 항우울제의 효과가 나타나려면 시간이 필요하다고 했다. 한 주 한 주 지날수록 조녀선은 더 무기력해지고 약해졌다. 한 달 후 엄마는 조녀선을 병원에서 빼왔다. 의사의 조언 없이 퇴원시켰기 때문에 의료보험회사는 청구 비용을 댈 수 없다고 했다. 조녀선의 엄마는 천문학적인 병원비 때문에 파산했다.

나와 상담한 적이 있는 아이의 부모가 나를 조녀선 어머니에게 소개해줬다. 나는 조녀선이 전형적인 주의산만 및 품행불량 아동임을 파악했다. 나는 부모 역할 훈련을 적용하기로 결정하고 조녀선의 조부모에게도 함께 동참할 것을 권했다. 조부모와 어머니는 다섯 가지 교육에 참여하고 후속 상담을 했다.

교육 후 3주 만에 조녀선은 몰라볼 정도로 다른 아이가 되었고 훨씬 더 밝아졌다. 집과 학교에서 보이던 문제행동도 개선되었다. 이 모든 효과는 약물의 도움 없이 이끌어낸 것이다.

나는 지금까지도 조녀선의 어머니와 연락을 주고받는다. 조녀선이 예의바르게 행동하며 아주 행복해한다고 했다. 부모 자신도 더 안정을 찾았고 부모로서 아이를 키우는 데 필요한 자신감을 갖게 되었다고 했다.

부모 역할 훈련의 특징

약물을 끊고 새로운 행동 훈련을 실시한다

약물은 행동을 통제하지만 문제행동을 가릴 뿐이어서 근본적인 치료가 되지 않는다. 아이를 변화시키려면 행동을 변화시켜야 한다. 부모 역할 훈련을 시작하려면 아이는 약을 끊어야 한다. 그래야 아이의 행동과 사고방식을 바꿀 수 있기 때문이다. 약물을 끊을 때는 반드시 의사의 지시에 따르자.

아이가 자신의 행동에 주의를 기울이고 자제심을 갖도록 가르치려면 문제행동을 일으킬 그 당시에 곧바로 개입해야 한다. 낸시라는 아이가 교실에서 문제행동을 해서 교사가 낸시의 자리를 다른 아이들에게서 멀리 떨어진 뒤쪽으로 옮긴다면 문제행동은 더 이상 하지 않을지라도 아이는 자신의 행동을 인식하지 못하고 그 행동을 통제하는 법도 배울 수 없다.

리탈린도 마찬가지다. 약물로 행동을 통제할 수는 있지만 아이가 자신을 스스로 통제하는 자제심을 키우지는 못할 것이다.

아이를 정상적이고 잠재력이 있는 보통 아이로 여긴다

주의가 산만하고 충동을 조절하기 힘들어하고 품행이 불량한 것은 병이 아니다. 단지 부적절한 행동, 그릇된 생각, 동기 부족이 빚어낸 양상일 뿐이다. 나는 ADD 및 ADHD로 판정받은 아동을 정상으로 본다. 이 아이들은 단지 학교에서 열심히 공부하고자 하는 의욕이 아직 뿌리내리지 않았고 품행 교육을 불쾌한 방법으로 받았을 뿐이다. 강력하고 긍정적인 가치관도 아직 자리 잡지 못한 상태일 뿐이다.

ADD, ADHD는 병명이 아니다. 따라서 이 책에서는 이름을 바꾸겠다. 새 용어가 전문가 집단 사이에서 널리 퍼지길 바란다. 이제부터 이 아이들을 주의산만(IA, inattentive), 품행불량(HM, highly misbehaving)이라고 부르겠다.

이러한 행동 패턴을 없애는 해결책은 부모와 전문가들에게 바람직한 변화를 이끌어내는 데 필요한 기술을 가르치는 것이다.

아이의 사고방식과 행동방식을 변화시킨다

부모 역할 훈련에서 핵심 포인트는 주의산만 및 품행불량 아동의 특징이 '생각을 안 하는' 것임을 아는 것이다. 이 점을 알면, 이 프로그램 전부를 이해할 수 있다. 왜 이 프로그램이 그렇게 효과가 뛰어나고 다른 프로그램은 실패하는지 알게 될 것이다.

사고방식은 심리학 용어로는 인지 패턴이라고 한다. '생각 없음(not thinking)'이라는 개념은 대학원 동료이자 저명한 심리학자인 필 켄들(Phil Kendall) 덕택에 창안할 수 있었다. 나는 이런 잘못된 인지 패턴을 바꾸는 방법에 초점을 두고 연구했다.

기존의 전통적이고 전형적인 접근법에서는 특별 교습, 개별적인 관심, 약물, 몇몇 행동수정 방법을 제시하거나 토큰 경제 요법을 가정과 학교에서 실시하도록 추천했다.

그러나 이런 방법들은 앞에서도 언급했듯이 '생각하지 않는 버릇'을 지속하게 하고 강화한다. 부모, 교사, 과외교사가 아이 옆에 붙어서 답을 유도하고 지도하고 신호를 주고, 할 일을 가르쳐주고, 상기시켜주고, 경고를 한다. 어른이 아이 대신 생각하는 일을 전담하고 아이는 다른 사람들의 도움에 크게 의존하게 된다. 어른은 아이에게 답을 상기시켜주는 기계가 된다. 이런 상황에서는 아이가 주의산만과 품행불량 증상을 제거하기 위해 필요한 가장 기초적이고 기본적인 요소, 즉 집중하고 기억하고 주의를 기울이고 자신의 행동을 곰곰이 생각해보는 법을 배울 수 없다.

제약회사도 아이가 스스로 생각하는 능력을 키우는 약을 만들지는 못했다. 약을 먹으면 얌전해지고 바람직하지 않은 행동을 줄일 수 있을지는 몰라도 스스로 생각하는 힘을 키울 수는 없다. 그래서 약물을 복용하다가 끊으면 다시 '생각 없는' 상태가 되고 문제가 재발한다. 어렸을 때 약물을 복용한 습관은 청소년기를 거쳐 성인이 되어서도 이어지는 경향이 있고 이러한 경향은 앞서 설명한 약물의 위험성을 높인다.

가정에서의 교육 방식을 바꾼다

부모 역할 훈련에서는 아이들이 스스로 생각하고 항상 자신의 행동을 돌이켜보도록 가르친다. 주변에서 힌트를 주거나 도와주는 일 없이 스스로 생각하고 행동할 수 있도록 가르친다.

다른 전문가들은 주의산만 및 품행불량 아동의 학교 성적을 끌어올리는 데 주안점을 두지만 나는 학교와 가정에서 보이는 문제행동과 사고방식이 학교 성적보다 아동의 상태를 더 분명히 반영한다고 본다. 아이가 가정에서 올바르게 사고하고 행동하는 법을 배우지 않으면 학교 성적이 향상될 수 없다.

실제로 아이가 가정에서 제대로 된 교육을 받기만 하면 성적을 올리는 것은 상대적으로 쉽다. 내가 상담한 아이들 가운데 약 80퍼센트가 가정에서 행동 교육을 바르게 시켰더니 특별히 공부에 관심을 쏟지 않아도 성적이 향상되었다. 만약 학교 성적이 오르지 않았다면 Part 3의 교사 및 학교 연계 프로그램을 참조하라.

충동적인 행동이나 주의가 산만한 태도뿐만 아니라 행동 전체를 바꾼다

부모 역할 훈련에서는 가정과 학교에서 나타날 수 있는 공격적인 행동 등 모든 행동 및 동기에 초점을 맞춘다. 이 프로그램은 부모에게 정확히 어떤 행동과 사고방식이 주의산만이나 품행불량 문제를 일으키는지 그리고 이 문제를 어떻게 고쳐야 하는지를 알려준다. 손을 댈 수 없을 정도로 심각해질 때까지 내버려둬서는 안 된다. 생각을 하지 않거나 주의를 기울이지 않거나, 자신이 무슨 행동을 하는지 상관하지 않는 것 같은 낌새가 있을 때 개입해야 한다.

그렇다, 이 프로그램은 매우 적극적이지만 약이나 다른 일회성 행동 치료보다 훨씬 안전하고 효과적이다. 앞에서 언급한 대로 단편적인 접근법은 효과가 오래가지 못한다. 부모 역할 훈련은 아이에게 벌을 주거나 바람직하지 않은 행동을 심화시키지도 않는 훈육 방법을 제시한다.

부모 역할 훈련에서는 주의산만 및 품행불량 아동이 자신이 무엇을 하고 있는지, 주변에서 무슨 일이 일어나고 있는지를 항상 생각하고 조심할 수 있도록 하는 방법인 타임아웃(잠깐 중지)을 이용한다. 이는 매우 적극적이고 새로운 방식으로서, 아이와 함께 이 프로그램을 시작하면 1~2주 안에 큰 효과를 볼 수 있을 것이다.

먼저 어떤 행동을 바로잡을지 구체적인 목표를 설정하자

아이의 문제행동을 바로잡으려면, 그것을 좀 더 구체적으로 해둘 필요가 있다. 바로잡으려는 문제행동을 표적 행동(target behavior)이라고 한다. 표적 행동이란 아이가 올바르게 행동할 수 있도록 돕기 위해 신경 써서 지켜봐야 할 행동이다. 그리고 부모 역할 훈련에서 다루는 행동의 목록과《정신질환 진단 및 통계 편람》에 수록된 증상을 비교할 것이다. 초점을《정신질환 진단 및 통계 편람》에 실린 증상에서 부모 역할 훈련의 행동 목록으로 옮기는 것이 이 책의 혁신적인 부분이다. 그리고 주의산만 및 품행불량 아동들을 개선하는 데 이러한 관점의 변화가 필요한지 이유도 살펴볼 것이다.

또 부모 역할 훈련의 표적 행동을 정확히 살펴볼 것이다. 그래서 이 장을 다 읽으면 아이의 어떤 행동을 고쳐야 할지 명확히 알게 될 것이다. 표적 행동이 사라지면 주의산만 및 품행불량 증상도 사라지고 리탈린을 먹어야 한다는 압력도 더 이상 받지 않을 것이다.

주의산만 및 품행불량 아동을 변화시키기 위해 첫 번째로 해야 할 일은 어떤 행동을 통제해야 하는지 정확히 아는 것이다. 문제행동은 쉽게 관찰할 수 있다. 즉 눈으로 보거나 소리를 들으면 알아차릴 수 있다.

아이가 미숙하거나 파괴적이라거나 정서상의 문제가 있다고 생각하는 것, 주의력결핍장애가 있다고 진단하는 것만으로는 충분하지 않다. 아이의 눈에 띄는 행동, 즉 고치고자 하는 행동을 정확히 판단해야 한다. 그 행동을 보고 들으며 관찰해야 한다.

예를 들어 조니가 미성숙하다고 하자. 미성숙하다는 것은 어떤 의미인가? 자주 운다는 얘긴가? 말투가 아기 같다는 뜻인가? 주의가 산만하고 맡은 일을 하는 속도가 더디다는 뜻인가? 샐리가 정서상의 문제가 있다고 할 때 그것은 또 무슨 의미인가? 짜증을 잘 낸다는 의미인가? 다른 아이들과 잘 어울려 놀지 못한다는 뜻일까? 징징대고 뿌루퉁하다는 얘긴가? 조니의 미숙함과 샐리의 정서 문제를 정의하기 위해 행동을 구체적으로 관찰해야 한다.

행동심리학의 기본은 '미숙함'이나 '정서 문제' 같은 모호한 용어를 관찰 가능한 행동으로 구체화해 정의를 내리는 것이다. 관찰할 수 있는 구체적이고도 분명한 행동이 관찰되었으면 어떤 것을 고쳐야 할지 정확히 알 수 있다. '미숙함'과 '정서 문제'는 교사나 심리학자들이 흔히 쓰는 용어다. 그러므로 이런 말을 들을 때는 신중하게 잘 들어야 한다.

이 두 용어를 언급한 이유가 두 가지 있다. 하나는 부모들이 자주 듣는 말이기 때문이고, 또 하나는 그런 말을 들으면 부모는 아이에게 무슨 끔찍한 문제가 있을까 봐 불안해하고 걱정하기 때문이다. 이런 용어를 관찰할 수 있는 행동으로 정의하면 아이가 어떤 상태인지 정확히 알 수 있고 어떻게 조치해야 할지 알게 되므로 안심할 수 있다.

표적 행동 정의하기

표적 행동은 습관적이고, 자주 발생하며, 부적절하고, 확연히 눈에 띈다. 표적 행동은 보거나 들어서 알 수 있다. 아이들이라면 누구나 내가 뒤에서 설명할 행동들을 가끔씩 할 수 있다. 그런 행동을 너무 자주 반복하지 않으면 그것은 문제될 것도 없고 표적 행동도 아니다. 어떤 것이 정상이고 어떤 것이 과도한 것인지 판단하기 위해 올바른 판단력과 공정성이 필요하다.

이 책에서 배우게 될 표적 행동 목록은 《정신질환 진단 및 통계 편람》에 실린 주의력결핍과잉행동장애를 진단할 때 살펴봐야 하는 행동 목록(70쪽 참조)과 매우 다르다. 두 목록의 차이 점은 다음과 같다.

《정신질환 진단 및 통계 편람》 목록에 들어 있는 문제행동은 대부분 학교에서 일어난다

예를 들어 손발을 꼼지락거리거나 줄을 새치기하거나 조심하지 않는 것이 이에 해당한다. 부모 역할 훈련의 표적 행동은 가정과 학교 모두에서 일어나지만 《정신질환 진단 및 통계 편람》 목록에는 들어 있지 않다. 예를 들어 어른이 시키는 대로 하지 않거나 반항적이거나 "나는 불쌍해" 같은 자아 연민성 발언을 하거나 부정적인 말을 하는 것이 이에 해당한다. 교사는 아이들 하나하나를 일일이 보살필 시간과 여력이 없다. 부모가 가정에서 아이에게 더 신경을 써야 한다.

부모 역할 훈련에서는 학교보다 집에서의 행동에 초점을 둔다

부모 역할 훈련에서는 무엇보다 부모의 역할을 강조한다. 부모가 훈육을 하는 주체이기 때문이다. 그렇다고 교사의 권위를 무시하는 것은 아니다. 교사의 역할도 중요하다. 교사가 아이의 잘못된 행동을 즉각 집에 통지해야 부모가 권위를 갖고 엄격히 그 행동을 고칠 수 있기 때문이다.

부모 역할 훈련의 행동 목록은 아이의 모든 행동 영역을 아우른다

《정신질환 진단 및 통계 편람》에 수록된 행동들은 잘못된 행동을 하게 되는 과정의 마지막 단계를 기재한 것이다. 예를 들어 아이가 자제심을 잃은 때가 이에 해당한다. 이를테면 자리를 뜨거나 뛰어다니거나 밀치거나 질문 중에 말을 끊고 불쑥 대답을 해버리는 때 등이다.

이와 달리 부모 역할 훈련의 목표 행동 목록은 목표 행동의 초기, 중기, 말기 증상을 모두 아우른다. 예를 들어 얌전히 앉아 있으라거나 공부를 하라는 지시 사항을 즉시 잘 따르는지를 확인하라는 항목이 목록에 있다. 그래서 수업 태만의 기미가 있을 때부터 조치를 취한다. 아이가 손발을 꼼지락거리거나 교실에서 일어나 돌아다니는 것과 같은《정신질환 진단 및 통계 편람》에 수록된 행동을 보일 때까지 기다리지 않는다.

부모 역할 훈련의 가장 큰 특징은 아이가 자제력을 잃기 전에 잘못된 행동의 낌새가 보일 때 조치를 취하는 것이다. 그렇게 해서 아이가 결과를 생각하지 않고 부주의하게 행동할 때는 즉시 그 행동을 고쳐야 한다는 사실을 깨닫게 해주는 것이다.

《정신질환 진단 및 통계 편람》에서 서술한 행동 중에는 모호한 것이 있다

예를 들어 '세부 사항에 주의를 기울이지 않음'이나 '집중력을 유지하지 못함'은 분명히 구체적이지도 않고 관찰할 수 있는 것도 아니다. 부모 역할 훈련에서는 이러한 상태를 쉽게 관찰할 수 있는 3가지 부분으로 다음과 같이 나누었다.

보기: 아동의 눈이 할 일이나 말하는 사람에게 향하는가?

듣기: "내가 방금 무슨 말했지?"라는 질문에 답할 수 있는가?

기억하기: "지금 뭐해야 하지?"라는 질문에 답할 수 있는가?

주의력 문제는 이 3가지를 관찰하여 확인할 수 있으며 확인 후 조치를 취해 고칠 수 있다.

가정에서 통제할 수 있는 산만한 아동이나 품행불량 아동들 중 80퍼센트가 학교생활을 더 잘할 수 있다

《정신질환 진단 및 통계 편람》에서는 대부분 학교생활에 초점을 둔 것에 비해 부모 역할 훈련은 가정교육을 절대적으로 강조하는 프로그램이다. 나머지 20퍼센트 아동에 대해서는 《정신질환 진단 및 통계 편람》에 실린 학교에서 일어나는 행동과 관련한 내용을 활용하겠지만 교사와 부모가 협력하는 법도 배울 것이다. 부모가 부모로서 권위를 확고히 세우면 교사와 협력하여, 즉 교사가 매일 보내는 가정통신문(Part 3 참조) 내용대로 부모가 아이를 잘 통제할 수 있을 것이다.

부모 역할 훈련에서 초첨을 맞출
표적 행동 알아보기

다음 목록은 주의산만 및 품행불량 아동 및 그 밖의 통제가 힘든 아이들 사이에서 흔히 나타나는 17가지 표적 행동을 4개의 그룹으로 나눈 것이다.

그룹 1_ 행동 조작	1. 시키는 대로 하지 않는다 – 불순응 2. 지시를 무시한다 – 반항 3. 떼쓰기
그룹 2_ 언어 조작	4. 자기 연민성 발언 5. 부정적인 발언 6. 조르기 7. 말하는 도중 끼어들기 8. 신체 관련 호소(아프지 않은데 아프다고 함)
그룹 3_ 부주의로 인한 행동	9. 주의를 기울이지 않음 10. 무기력, 의존성 11. 빈둥거리기 12. 읽기 능력 부진 13. 학교 성적 부진
그룹 4_ 기타 일반적인 잘못된 행동	14. 고자질 15. 형제자매와 다툼 16. 공격성 17. 거짓말

다른 사람을 방해하는 행동은 품행불량 아동들에게서 훨씬 더 많이 발견된다. 주의산만 아동은 보통 얌전한 편이고 단지 주의가 산만할 뿐이다.

아이를 잘 키우려면 의사의 진단에 상관없이 각각의 모든 표적 행동을 알아볼 수 있어야 한다. 부모 역할 훈련은 위의 모든 표적 행동을 통제하는 종합적인 프로그램이다. 표적 행동들 중 일부만 고치고 나머지를 방치하면 아이는 어떻게 행동해야 할지 갈피를 잡지 못하게 된다.

우리 아이의 표적 행동
체크 리스트

아이가 표적 행동을 하는지 다음 각 항목의 네모 칸에 체크하면서 확인하자.

그룹 1_ 행동 조작

☐ 1. 시키는 대로 하지 않는다 – 불순응

주의산만: 매우 자주   **품행불량:** 매우 자주

* * 목표 → 요구나 지시 사항에 즉각 응답하게 하는 것

아이에게 무엇을 하라고 시켰을 때, 여러 가지 이유로 말을 안 들을 수 있다. 지시 사항을 무시하고 싶어서, 혹은 남이 말할 때 집중하는 법을 배우지 못해서, 아니면 남의 말을 듣기 싫어서 그럴 수 있다. 그러면 부모는 더 큰 소리로 반복해서 지시하다가 결국 소리를 치고 윽박지르고야 만다. 마침내 부모가 완전히 지쳐 나가떨어질 때가 돼야 아이는 처음에 시킨 일

을 하려고 할 것이다. 익숙한 이야기인가?

우리의 목표는 조용하고 단호하게 한 번 이야기했을 때 아이가 즉각 응답하도록 하는 것이다. 너무 엄격한 것 같은가? 맞다. 나는 아이들이 이성적인 요구 사항에 따른다고 해서 심리적인 상처를 입는다고 생각하지 않는다.

사실 나는 부모들에게 가혹하지 않되 엄격한 부모가 되라고 권하고 싶다. '엄격함'은 규범을 설정하고 경계선을 긋는 것이고, '가혹함'은 아이를 다치게 하는 것이다. '합당한' 기대 수준에 맞춰 규범을 설정해주면 아이들은 훨씬 더 좋아한다.

아이가 다른 식으로 적절히 대답한다면, 예를 들어 "엄마, 제가 하던 것부터 먼저 해도 되요?"라고 물어본다면 적절히 대응해야 한다. "안 돼"라고 하고 싶으면 합당한 이유가 있어야 한다. 아이들은 서로 의견을 교환하는 법을 배워야 하고, 이는 부모가 아이들의 의견에 공평히 응답할 때만 배울 수 있다.

시키는 대로 하는 것(순응)은 주의산만 및 품행불량 아동을 위한 부모 역할 훈련에서 매우 중요한 표적 행동이다. 아이가 자제심을 잃기 전에 미리미리 아이의 행동을 살펴보아야 한다고 앞서 말한 바 있다. 이 표적 행동에 적극적으로 대응하면 아이가 자제심을 잃고 제멋대로 행동하는 일은 크게 줄어들 것이다.

2. 지시를 무시한다 – 반항

주의산만: 드물다   **품행불량:** 매우 자주

＊＊ 목표 → 반항 없애기. 절대 하지 않도록!

품행불량 아동들은 공공연히 지시에 반항한다. "싫어요, 안 할래요"라고 하거나 시키는 것과 정반대로 한다. 예를 들어 집으라는 장난감을 일부러 집어던진다. 마치 시키는 대로 하지 않을 것이고 자신에게 절대로 무얼 하라고 시킬 수 없을 것이라는 양 부정적인 어조로 대답하거나 팔짱을 끼고 빤히 쳐다보기도 한다. 아이가 반항을 하면 즉각 조치를 취해야 한다. 그 방법은 뒤에서 설명하겠다.

반항은 잘못된 행동의 초기 단계에서 나타난다. 지시를 무시하는 행동을 잡으면 더 심한 행동인 생떼쓰기 같은 행동을 미연에 방지할 수 있다.

3. 생떼쓰기

주의산만: 드물다   품행불량: 매우 자주

＊＊ 목표 → 아이가 감정을 폭발하는 횟수를 연 4~5회 이하로 줄이기

내 경험상 생떼쓰기는 문제 아동 부모들이 가장 흔히 호소하는 표적행동이다. 많은 부모들이 아이의 부탁을 거절하기 전까지는 아이가 참 착하다고 말한다. 그런데 아이의 부탁을 들어주지 않으면 그때부터 전쟁이 시작된다. 그 전쟁에서 대개 부모들은 지고 만다. 그러나 부모의 항복은 사실 생떼 부리는 습관을 강화한다. 이는 아이에게 소리를 지르고 문을 큰 소리가 나게 닫고 바닥에 주저앉아 분노로 몸부림을 쳐야 원하는 것을 얻을 수 있다고 가르치는 것이나 다름없다.

아이가 나이를 먹는다고 생떼가 줄어드는 것은 아니다. 사실 갈수록 더 심해지고 심지어 성인이 돼도 그럴 수 있다. 여러 해 동안 반복하면서 뿌리 깊게 박힌 습관이 되고 그리하여 인간관계를 망치기도 한다.

나는 부부 상담을 하면서 문제행동으로 울화증(temper tantrum)을 지목하는 부부들을 자주 보았다. 대부분 울화증은 유년기부터 시작된다.

아이들에게 자신의 감정을 표현하도록 가르쳐야 한다는 의견도 있다. 동의한다. 문제는 감정을 어떻게 표현하느냐다. 아이에게 감정을 분명하게 표현하도록 가르쳐야 한다. 예를 들어, "엄마, 저는 엄마가 제 말에 귀 기울여주지 않아서 화가 났어요"라고 감정을 표시해야 한다. 그러나 생떼를 쓰며 감정을 표현하도록 해서는 안 된다.

아이 내부에 쌓인 화를 방출하기 위해 감정을 폭발시키는 것도 필요하다는 의견도 있다. 그러나 연구에 따르면 모든 폭력적인 감정 분출은 더 폭력적인 감정 분출로 이어지고 이러한 폭력성 표출을 방치하면 횟수가 거듭될수록 행동이 악화된다. 어쩌다 가끔씩 감정을 표출하는 것은 정상이다. 하지만 감정 폭발이 1년에 몇 번 이상으로 자주 일어나면 그 행동은 고쳐야 할 대상이 된다.

그룹 2_ 언어 조작

이 그룹의 표적 행동은 아이가 자기 멋대로 하기 위해 습관적으로 사용하는 말이다. 자녀가 이런 말을 할 때 부탁을 들어주는 편인지 생각해 보자.

4. 자기 연민성 발언

주의산만: 매우 자주   품행불량: 매우 자주

＊＊ 목표 → 자기 연민성 발언을 거의 하지 않게 하기. 한 달에 한두 번 이상 하면 과한 것

이고 조치를 취해야 한다.

자기 연민성 발언이란 자기를 비하하거나 자괴하는 말이다.

"아무도 날 안 좋아해."

"엄마는 나보다 동생을 더 좋아해."

"난 바보야."

"난 뭐 하나 제대로 하는 게 없어."

때때로 이런 말을 다음과 같이 우스꽝스럽게 과장하기도 한다.

"아빠는 나보다 개를 더 좋아해."

"나 빼고 다들 잘 사는 것 같아."

더 심각한 수준일 경우 이렇게 말하기도 한다.

"죽고 싶어."

"죽어버릴 테야."

"죽고 싶어"나 "죽어버릴 테야" 같은 극단적인 말은 대부분 일부러 하는 말이지만 안전을 기하기 위해 부모는 아이가 이런 말을 자주 하면 즉시 전문가에게 도움을 요청해야 한다. 전문가는 이런 위협적인 말을 진지하게 받아들여야 할지를 가장 잘 판단할 수 있다.

입술 내밀기(hanging-lip syndrome), 칭얼대기(puppy-dog syndrome), 울기(일부러 관심을 얻거나 원하는 대로 하기 위해서) 같은 행동도 자기 연민을 나타내는 표현에 포함된다. 신체적 고통, 탈진, 심한 스트레스로 가끔씩 우는 것은 표적 행동이 아니다. 우는 것이 긴장 완화에 도움이 될 때도 있지만 가끔씩만 울어야 한다. 자녀가 예민하다고 말하는 부모들이 있는데 그런 아이를 보면 자기 연민성 발언을 아주 잘하고 일부러 울 때가 많다.

정신과 의사인 토머스 해리스(Thomas Harris)가 1969년 펴낸 베스트셀러 《자기 긍정 타인 긍정(I'm OK - You're OK)》을 보면 자신을 부정적으로 보고 괜찮지 않다고 생각하는 사람들은 그런 기분을 영구화하는 방식으로 행동한다고 한다. 그런 태도를 형성하면 평생 우울증을 안고 살아가야 할 것이다. 자신이 괜찮지 않다고 말하는 습관(자기 연민성 발언)이 있는 아이들은 실제로 그렇게 생각하기 시작하고 부정적인 자아상을 갖게 된다.

말로 계속 표현하다 보면 그것이 내면화된다. 내면화란 자신이 말한 대로 믿게 된다는 것을 뜻하는 심리학 용어다. 그런 (자기 부정의) 발언은 열 살쯤 되면 굳게 내면화된다. 그런 말들이 내면화된 믿음으로 굳어지기 전에 고치는 것이 매우 중요하다.

아이가 자기 연민성 발언을 가끔씩만 한다면 적절하게 아이를 위로하고 달래주면 된다. 그러나 자기 연민의 모습을 자주 보이는데도 다 받아주면 아이는 더 자주 더 심하게 그런 말을 하게 된다.

※ 주의: 평소에 자기 연민성 발언을 하지 않던 아이가 갑자기 그런 행동을 보이면 무슨 특별한 일이 아이를 괴롭히고 있는지 살펴보라. 학교생활에 문제가 있을 수도 있다. 원인

을 파악하고 없애주는 것이 좋다. 그러면 그런 행동도 멈출 것이다.

5. 부정적인 발언

주의산만: 자주   **품행불량:** 매우 자주

＊＊ 목표 → 부정적인 말을 줄이도록 하기

부정적인 발언은 사기 연민성 발언과 동선의 양면 같은 관계다. 부정적인 발언을 자주 하는 아이들은 자괴적인 발언을 하기보다는 남을 비난하거나 상황을 불평하며 "너는 틀렸어"라는 태도를 보인다.

"조니는 쪼다야."
"이거 하기 싫어."
"왜 항상 이렇게 해야 해?"
"꼭 그거 해야 해?"
"걔는 멍청해."
"미워!"

과장된 표현도 있다.

"거지나 돼라."
"걔네들 싫어. 다른 별로 가버렸음 좋겠어."
"내 말은 왜 하나도 안 들어줘?"

아이가 이런 식의 말을 한다는 것을 미리미리 알아채고 아동기 초기에 고쳐주어야 아이가 더 좋은 인격을 형성할 수 있다. 열 살 즈음에 부정적인 말을 내면화하면 자신을 둘러싼 외부 세계를 부정적으로 보게 된다. 냉소적이고 비판적이며 적대적이고 불만에 가득 찬 사람이 된다. 청소년기에 이런 태도를 고치는 것은 더 어렵다.

6. 조르기

주의산만: 드물다   **품행불량:** 매우 자주

＊＊ 목표 → 조르지 않게 하기

안 된다고 했는데도 아이가 뭘 해달라고 계속 조르는 것만큼 부모를 피곤하게 하는 일도 없다. 아이에게 "안 돼"라고 말할 때는 안 되는 이유를 설명하라. 충분히 알아듣게 설명했는데도 계속 조르면 즉각 훈육을 해야 한다. 그러나 다음 장에 나오는 훈육법만을 사용하라. 무엇보다 인내심을 가져라.

7. 말하는 도중에 끼어들기

주의산만: 드물다   **품행불량:** 매우 자주

＊＊ 목표 → 다른 사람들과 대화할 때 방해하지 않게 하기

다른 사람과 대화를 하고 있는데 아이가 계속 방해하면 아이가 뭘 해 달라고 조르는 것만큼 짜증이 난다. 심할 경우에는 전화 통화를 하고 있는데 아이가 당신에게 뭔가를 요구하기 위해 전화기 선을 뽑기도 한다. 말하는 도중에 끼어들기는 긴급하고 위험한 상황일 때만 허용해야 한다.

8. 신체 관련 호소(아프지 않은데 아프다고 함)
주의산만: 상당히 자주　**품행불량:** 상당히 자주

＊＊ 목표 → 아이가 진짜 아프거나 병이 나지 않는 한 아프다는 소리 하지 않게 하기

아이가 어딘가 아프다고 하거나 몸 상태가 안 좋다고 말했을 때 부모가 보기에 실질적인 병의 증상을 확인할 수 없으면 아이가 정말 아플 때 아이의 말을 믿지 않게 된다. 자기 연민성 발언이나 부정적인 발언과 마찬가지로 몸이 아프다는 말을 자주 하면 진짜 자신이 아프다고 생각해서 평생 건강염려증 환자로 살 수도 있다.

신체 관련 호소는 받아쓰기 시험 같은 일상적이지만 스트레스 받는 상황을 피하고 싶을 때 자주 한다. 정말 심한 스트레스를 받아서 아프다고 할 수도 있다. 예를 들어 학교에 너무 무서운 선생님이 있거나 자신을 괴롭히는 친구가 있을 수도 있다. 그럴 경우에는 문제를 제거해주면 아프다는 소리가 쏙 들어간다.

심한 스트레스를 받을 만한 일도 없고 실제로 몸이 아픈 것 같지도 않은데 신체 관련 호소를 하면 이를 의도적이고 부적절한 표적 행동으로 다루어라.

아이가 진짜 아프지 않는 한 학교에 보내라. 학교 교사나 양호 교사에게 아이가 아프면 집에 연락해달라고 부탁하면 된다. 진짜 아픈 건지 아닌지 모르겠다면 가정의와 상담한다.

그룹 3_ 부주위로 인한 행동

이런 표적 행동은 모두 '생각하지 않는' 습관과 연결된다. 이것이 주의산만 및 품행불량 아동의 특징이라는 사실을 기억하라. 그러면 각각의 행동이 서로 어떤 관련성이 있는지 알게 될 것이다. 즉 각 행동이 부주의로 발생한다.

9. 주의를 기울이지 않음

주의산만: 매우 자주   **품행불량:** 매우 자주

＊＊ 목표→ 하고 있는 일이나 말하는 사람에게서 눈을 떼는 일이 거의 없도록 하기

많은 부모들이 볼 때 주의가 산만하고 품행이 불량한 자녀의 가장 큰 문제는 집중을 못하는 것과 기억을 못하는 것이다. 주의력에 문제가 있는 아동은 남의 말에 집중하지 못한다. 그러나 집중하는 것도 학습된 행동인 것처럼 집중하지 않는 태도도 학습된 결과다.

주의력은 3가지를 통해 확인할 수 있다. 즉 보기, 듣기, 기억하기다. 시각적 주의력은 쉽게 관찰할 수 있다. 아이의 눈이 하는 일이나 말하고

있는 사람을 똑바로 향해야 한다. 교사는 이를 '일에 집중하기(staying on task)'라고 부른다.

＊＊목표 → 아이가 제대로 대답하지 못하는 일이 잦으면 '듣기'가 고쳐야 할 표적 행동이 된다. 매번 제대로 대답하게 하는 것이 목표다.

아이가 청각적 주의력을 보이는지 아닌지를 금방 파악하기는 어렵다. 아이가 잘 듣고 있는지 확인하기 위해 "내가 방금 뭐라고 했지?"라고 물어봐야 한다.

＊＊목표 → 잊어버리는 것 허용하지 않기

마지막으로 기억하기 혹은 잊어버리지 않기를 보자. 주의력에 문제가 있는 아이들이 꼭 키워야 하는 중요한 습관이다. 이 아이들은 어른이 시킨 일을 기억하지 '않도록' 훈련받았다. 부모가 끊임없이 지시 사항을 반복하고 닦달하고 재촉하고 지시하고 경고한 탓이다.

이런 방법들은 다른 행동교정 요법으로 널리 알려진 기술이지만 부모 역할 훈련에서는 금한다. 아이는 단지 신경을 써서 기억해야 할 동기가 부족한 것뿐이기 때문이다.

아이에게 "왜 이거 안 했어?"라고 물을 때마다 "깜빡했어요"라고 대답한다거나 아이가 할 일을 하지 않고 있어서 "지금 뭐해야 하지?"라고 물을 때 완전히 어리둥절한 표정을 짓는다면 '잊어버리는 것'을 표적 행동으로 삼아야 한다.

당신의 아이는 기억하는 법을 배울 수 있다. 기억하기는 여타 표적 행동처럼 학습으로 얻는 기술이다.

＊＊ 주의력 향상을 위한 종합적인 목표 → 하는 일에 시선을 고정하고, 귀담아 듣고, 들은 것을 기억하게 하기

10. 무기력, 의존성

주의산만: 매우 자주 　**품행불량**: 매우 자주

＊＊ 목표 → 독립적으로 일하고 책임을 지는 능력을 길러주기. 지도, 상기, 재촉, 도움, 경고를 최대한 줄인다. 경고를 하는 대신 이 책 뒷부분에서 설명하는 훈육 방법을 이용하여 각각의 행동에 맞게 대처한다.

의존성의 3가지 형태는 서로 밀접한 연관이 있다.

일 의존성 : 아이가 해야 할 일을 시작하거나 마치게 하기 위해 지나치게 많은 도움이 필요하거나 누가 재촉을 해야 한다면, 이 아이는 일 의존성이 있는 것이다. 주의산만 및 품행불량 아동에게 일이라 함은 학교 숙제다.

인지 의존성 : 인지 의존성이 있는 아이는 하루 종일 생각을 하지 않는다. 인지 의존성이 있는 아이는 식당이나 가게, 교실 같은 각각의 장소에서 어떻게 행동하는 게 올바른지를 생각하지 않는다. 자신의 행동에 주의를 기울이지도 않는다.

정서 의존성 : 정서 의존성은 혼자 있으면 안 된다는 비이성적인 생각이다. 정서적으로 의존성이 강한 사람은 혼자 있을 때 강한 불안이나 공포

를 느낀다. 또 항상 자신을 돌봐주는 사람이 있어야 한다고 생각한다.

주의산만 및 품행불량 아동의 두드러진 특징이 일 의존성과 인지 의존성이다. 최근에 널리 쓰이는 행동교정 요법은 일 의존성과 인지 의존성을 매우 강화하고 있다. 아이가 숙제를 하는 동안 옆에 앉아 끊임없이 재촉하고 일을 다 마치도록 도와주는 것은 아이의 일 의존성을 강화할 뿐이다. 어른이 아이 옆에 앉아 있으면 아이는 스스로 집중하는 법도, 능동적으로 자신의 일을 하는 법도 배우지 못한다. 어려운 일에 집중하기 위해서는 상당한 에너지와 강력한 동기부여가 필요하다.

연구에 따르면 주의산만 및 품행불량 아동은 도움 없이는 자신이 해야 할 일을 잘해내지 못한다고 한다. 혼자 일을 할 때는 성급하고 서툴게 한다. 그래서 또 그 유명한 행동교정 요법들로 아이들이 해야 할 일을 깔끔하게 잘 처리할 수 있도록 하나부터 열까지 도와준다.

부모 역할 훈련을 개발하면서 나는 아이들이 그런 지속적인 도움 없이도 스스로 자신의 물건을 잘 챙기고 숙제도 잘할 수 있다는 사실을 발견했다. 처음에 한두 번 어떻게 하는지 알려준 다음 절대 재촉하거나 도와주려고 하지 마라. 스스로 자기 일을 하도록 내버려두어라. 아이들은 금방 자기 일을 스스로 하는 법을 배울 것이다.

부모 역할 훈련을 통해 모든 표적 행동을 고친 아이들의 80퍼센트 정도는 학교 숙제 같은 학교생활과 관련된 일을 잘하게 된다. 이는 부모 역할 훈련 대상 아동이 맡은 일을 하는 법을 알고 능력이 부족하지 않다는 증거다.

굳이 아이들에게 숙제나 공부를 잘하라고 닦달하거나 방법을 일일이 가르쳐주지 않아도 좋은 점수를 받을 수 있다. 그렇지 못한 나머지 20퍼센트 아이들에게는 동기부여를 하기 위해 '학교 프로그램'을 실시하기도 한다. 대부분 성공적이다. 학교 프로그램은 Part 3에서 설명할 것이다.

새로운 환경을 접하기 전에 하루 종일 주의사항을 지도하고 각인시켜야 한다는 이론도 있다. 하지만 이것은 인지 의존성을 강화한다. 주의산만 및 품행불량 아동은 기본적으로 사회성이 부족하다는 연구 결과가 있다.

다시 한번 강조하자면 이렇게 지도(coaching)하는 것은 '생각하지 않는 상태'와 '기억하지 않는 태도'를 강화한다. 부모 역할 훈련에서는 지도 대신 훈육을 한다. 부모 역할 훈련을 시작하면 아이들은 채 2주도 지나지 않아 엄청나게 변화된 모습을 보인다. 이는 아이들이 처음부터 어떻게 행동해야 하는지를 정확히 알고 자제심도 있었음을 보여준다. 그리고 아이들은 이 훈련을 통해 적절한 사회성을 배우게 된다.

다른 행동교정 요법들에서 적합한 방법이라고 주장하는 지속적인 지도가 아이들의 정서 의존성을 키우는지를 다룬 연구는 충분하지 않다. 그러나 부모 역할 훈련은 지도를 최소화하고 독립적인 활동을 활성화시키므로 정서 의존성을 키우지 않는다고 확실히 말할 수 있다.

부모 역할 훈련에서는 부모가 주의산만 및 품행불량 아동을 위해 처음부터 끝까지 다 도와주지 말고 방법을 알 수 있도록 가르치게 한다. 아이에게 스스로 일하는 방법, 즉 스스로 이부자리를 펴고 요리하고 빨래를 할 수 있도록 가르친다. 구체적인 방법은 다음 장에서 소개하겠다. 집안일을 아이에게 분담시키면 아이는 자신감을 갖고 스스로를 중요한 가족 구성원으로 생각하게 된다.

특히 자기 연민이나 자괴적인 내용의 부정적인 발언, 신체 관련 호소 같은 언어 조작을 자주 하는 아이는 이런 의존성이 있을 가능성이 매우 높다. 따라서 아이가 그런 행동을 보인다면 이런 표적 행동들을 동시에 고쳐야 한다.

□ 11. 빈둥거리기
주의산만: 자주　　**품행불량**: 자주

＊＊목표 → 빈둥대는 일을 줄이도록 하기. 학교 가는 날 아침에는 절대 빈둥대지 않게 할 것.

일을 시작하는 것이 디디고 끝내는 데 유독 많은 시간이 걸리는 아이들은 의도적으로 빈둥대는 것이다. 예를 들어 학교버스 시간에 맞춰서 등교 준비를 마치지 못하고 자주 꾸물대는 아이들은 빈둥대는 것이다. 그러면 부모는 아이를 학교까지 태워다준다. 숙제할 때 빈둥거리는 것은 주의산만 및 품행불량 아동들에게는 매우 흔한 일이다. 그런데 이때 부모가 옆에 앉아서 숙제를 도와주는 것은 빈둥거리는 행동을 강화할 뿐이다. 이 책 뒷부분에서 이 문제를 효과적으로 해결할 방법을 추천하겠다.

□ 12. 읽기 능력 부진
주의산만: 매우 자주　　**품행불량**: 매우 자주

주의력결핍장애와 읽기 능력 부진은 서로 연관성이 있다. 많은 주의산만 및 품행불량 아동들이 읽기 능력이 떨어지는 난독증 진단을 받는다. 읽기 능력 부진의 원인은 무수히 많고 복잡하므로 이 책에서 다루지는 않겠다. 일반적인 치료법은 학교에서 전에 배운 기본적인 읽기 방법을 다시

천천히 배우는 것이다.

학교 프로그램을 다루는 Part 3에 아이의 읽기 능력을 끌어올리고 책 읽기를 좋아하는 아이로 키우기 위한 10가지 팁을 실어 놓았으니 참고하기 바란다.

13. 성적 부진

주의산만: 매우 자주   품행불량: 매우 자주

＊＊목표→ 평균 이상의 성적 받기. 품행 점수 향상하기. 주의산만 및 품행불량 아동도 높은 점수를 받을 수 있다.

주의산만 및 품행불량 아동은 지능이 정상인데도 대부분의 과목에서 아주 낮은 점수를 자주 받는다. 이 아이들이 학교에서 적어도 한 번쯤은 유급되고 아동 상담사를 찾아가게 되는 첫 번째 이유도 학습 부진이다. 앞서 말한 대로 주의산만 및 품행불량 아동의 성적이 낮은 것은 주의력 부족과 밀접한 관련이 있다.

다시 한번 말하지만 내가 살펴본 아동의 80퍼센트가 가정에서 행동을 완전히 통제할 수 있게 되자 학교 성적이 좋아졌다. 학교 성적이 나아지지 않으면 교사는 다음 표적 행동을 다루어야 한다.

학습 성적(주의산만 및 품행불량 아동)

1. 해야 할 일에 집중하지 않는다.

   ⓐ 책이나 교사를 보지 않는다.

   ⓑ 지시 사항을 듣지 않는다.

   ⓒ 무엇을 해야 할지 기억하지 못한다.

2. 과제를 제시간에 마치지 못한다.

3. 과제를 제대로 하지 못한다.

4. 공부나 과제를 바르고 정확하게 하지 못해서 계속 평균 이하의 점수를 밎는다.

행동(품행불량 아동)

1. 조용히 있지 못한다.

2. 자리에 앉아 있지 않는다.

3. 공손히 손을 들지 않고 질문을 갑자기 한다.

4. 줄을 서서 기다리지 않고 새치기한다.

Part 3에서는 가정에서는 좋아졌는데도 학교생활에서는 여전히 문제를 일으킬 경우 그 문제를 분석하고 해결하는 방안을 집중적으로 다룰 것이다.

이 그룹의 표적 행동들은 주의산만 아동에게서 흔히 볼 수 있으며 특히 품행불량 아동일수록 자주 일으킨다.

14. 고자질

주의산만: 꽤 드물다   **품행불량:** 상당히 자주

＊＊**목표 → 고자질 최소화**

모든 아이들은 때때로 고자질을 한다. 그러나 고자질을 자주 하면 표적 행동으로 다루어야 한다. 특별한 경우가 아니라면 고자질한 아이에게 그 아이와 함께 일을 해결하라고 말할 것을 권한다. 해결이란 자신의 의견을 분명히 밝히되 적절한 의사소통 기술을 사용하는 것을 의미한다.

앞에서 우리는 부적절한 언어 습관, 즉 자기 연민성 발언, 부정적인 발언, 생떼쓰기를 살펴보았다. 그리고 아이에게 적절한 의사소통 기술과 본인의 의견을 개진하는 기술을 가르쳐주는 것이 중요하다고 말했다. 그리고 아이에게 분노를 폭발시키는 대신 자신의 감정을 단호하게 표현하는 법을 가르치라고 말했다.

그러나 표적 행동을 일으키는 그 순간에 이 방법을 가르치려 하지는 마라. 그러면 오히려 자신도 모르게 표적 행동을 강화하거나 습관화하려는 역효과가 생길 수도 있다.

이이의 고자질을 다 들어주고 적절한 반응도 보이면 아이는 고자질을 하면 관심을 받고 보살핌을 받을 수 있다고 생각하게 된다. 이러한 언어 습관을 강화하지 않으면서도 고자질하는 아이를 훈육하는 방법을 곧 배울 것이다.

친구 사이 문제든 형제자매 사이 문제든 부모는 끼어들지 않는 것이 가장 좋다. 아이들은 시행착오를 겪으며 사회성을 키운다. 그리고 주의산만 및 품행불량 아동의 경우 적절한 사회성을 익히려면 특별히 더 노력해야 한다.

고자질이 허용될 때도 있다. 위험하거나 신체적인 위해를 낳할 수노 있는 상황이라면 아이는 당연히 어른에게 보고해야 한다. 그럴 경우에는 상황을 알린 아이에게 판단을 잘했다고 칭찬한다.

15. 형제자매와 다툼

주의산만: 상당히 자주   **품행불량**: 매우 자주

＊＊목표 → 일 년에 큰소리 나는 대형 싸움을 서너 번 이하로 줄이기. 사소한 다툼은 허용하되 아이들이 직접 해결하도록 내버려두라.

형제자매간의 다툼은 많은 경우 가족 문제가 된다. 모든 아이들은 형제자매와 가끔 서로 시비를 걸고 다툰다. 품행불량 아동의 행동은 특히 심하게 형제자매를 괴롭힐 수 있다. 이런 행동을 잘 잡아주면 자동적으로 우애가 깊어진다. (주의: 부모는 어떤 식의 신체적 과격함도 참아서는 안 되고 엄격하게 다루어야 한다. 공격성도 표적 행동이다.)

형제자매간 싸움에 대처할 때, "이게 도대체 무슨 일이니?"라고 묻는 것은 도움이 되지 않는다. 아이들이 제각각 자기 입장에서 얘기하면 누가 누구에게 무슨 짓을 했는지 알 수가 없다. 물어보지 말고 양쪽 모두를 즉시 훈육하도록 한다.

물론 누가 먼저 싸움을 시작했는지 직접 보았거나 한 아이가 다른 아이보다 더 시비를 잘 건다는 것을 알고 있으면 한 아이만 꾸중해도 된다. 그러나 명심하자. 천사처럼 보이는 아이도 먼저 다른 아이를 놀리거나 괴롭힐 수 있다.

부모는 아이들이 서로의 차이를 인정하고 이해하도록 가르쳐야 한다. 나는 열 살과 열두 살 난 두 아들이 서로 언쟁을 벌이다가도 바로 서로 좋다고 말하는 걸 보곤 한다.

형제자매간 싸움을 줄이는 유용한 방법 중 하나가 아이들이 다른 형제의 방에 들어갈 때는 방 주인의 허락을 맡도록 하는 것이다(물론 이 방법은 아이들이 각방을 쓸 때만 사용할 수 있다). 그러면 싸움을 피하고 싶은 아이는 재빨리 자기 방으로 피신한다. 그러나 이러한 자기 방에서의 사생활 보호 권리는 오용될 소지가 있다.

매일 싸우는 자매를 상담한 적이 있다. 어느 날 저녁 언니의 고양이가 동생 방에 들어갔다. 언니가 고양이를 데리러 동생의 방문을 노크했을 때 동생은 이를 닦고 있었다. 동생은 30분 넘게 이를 닦더니 들어오면 안 된다고 대답했다. 동생은 한 달 동안 자기 방에서의 사생활 보호 특권을 박탈당하는 조치를 받았다.

16. 공격성

주의산만: 드물다   품행불량: 때때로

＊＊목표 → 자기방어를 위해 반드시 필요한 경우 외에 공격적인 행동을 절대 하지 않게 하기

공격성이란 타인에게 폭력적인 행동을 하는 것으로, 자주 발생하진 않더라도 매우 주의해야 할 점이다. 공격적인 행동을 하는 아이들은 드물지만 그런 아이가 있으면 그 즉시 조치를 취해야 한다. 공격적인 행동을 제어하는 방법은 따로 자세히 설명하겠다.

17. 거짓말

주의산만: 상당히 자주   품행불량: 상당히 자주

＊＊목표 → 거짓말하지 않게 하기

벌을 안 받으려고 또는 사실을 말함으로써 생길 수 있는 원치 않은 결과를 피하려고 아이들은 거짓말을 한다. 공격성처럼 거짓말도 자주 하는 행동은 아닐지라도 매우 주의해야 할 점이다. 그리고 되도록 아주 어릴 때 고쳐야 한다. 어릴 때부터 거짓말을 하기 시작하면 나이가 들면서 매우 교묘하고 능수능란한 거짓말쟁이가 되어 거짓말인지 아닌지 감지하기 어렵게 된다.

경찰 놀이나 부부 놀이 같은 상황을 가상해서 하는 놀이는 괜찮냐고 많은 부모들이 물어보는데 지극히 정상이고 해도 된다. 하지만 아이가 열 살에 가까워지면서 그런 놀이를 하는 일은 줄어들어야 한다.

갑작스런 행동 변화 뒤에는
외부 요인이 있을 수 있다

문제행동을 다루기 전에 다른 가능성 있는 문제를 배제하는 것이 좋다. 그러나 갑자기 문제행동이 급증했다면 외부 요인 때문일 수 있다. 아이를 괴롭히는 학교 불량배, 아이를 불안하게 하는 가혹한 교사, 사랑하는 사람을 잃은 것, 부부 싸움 등이 외부 요인이 될 수 있다. 이러한 상황 때문에 아이의 행동이 삐뚤어지는 것이라면 부모는 그 원인을 제거하기 위해 최선을 다해야 한다.

스트레스가 심한 상황에 처해 있다면, 예를 들어 신체적 폭력이나 성적인 학대를 당했거나 가족을 잃었다면 전문가의 도움을 받기를 강력히 권한다. 그럴 경우에는 표적 행동같이 장기적이고 습관적인 행동을 다루는 것이 아니라, 스트레스가 급증하여 정서적으로 불안한 아이를 돌봐야 한다. 산만한 아이들이나 품행이 불량한 아동들이 이런 상황에 처하면 시간이 흐를수록 행동 문제가 악화된다.

내가 검진한 한 아이는 지능이 약간 낮았다. 다른 아이들과 똑같은 속도로 배울 수 없기에 문제행동을 하게 되었다. 특수반에 넣었더니 공부를 잘하게 되었다.

아이의 잘못된 행동, 특히 주의산만이나 품행불량 아동이 저지르는 잘못된 행동의 주요 원인은 부모의 양육 능력 부족이다.

고쳐야 할 표적 행동의 목록을
만들어라

　몇 분 동안 시간을 들여 아이의 표적 행동 목록을 만들어라. 목록이 길지라도 용기를 가질 것. 다음 장에서 표적 행동을 다루는 쉽고 간단한 방법들을 살펴보자.

06
먼저 아이와
신뢰를 쌓아라

칭찬이 최고의 약이다

주의산만 및 품행불량 아동의 부모들은 대개 자녀와 원만한 관계에 있지 못할 때가 많다. 부모는 아이를 통제하거나 처벌하려고만 하고, 아이는 그런 부모의 태도 때문에 마음의 상처를 입고 문제행동이 더욱더 굳어지기 때문이다.

여기서는 아이와 신뢰를 쌓아 긍정적인 상호 교류를 통해 관계를 회복하는 1차적인 방법으로 '강화'에 대해 알아보자. 강화란 학습에서 바람직한 행동을 더욱 향상시키기 위해 자극과 반응의 결부를 촉진하는 수단 또는 그 수단으로써 결과가 촉진되는 작용을 말한다.

훈육이냐 강화냐

부모들은 대개 훈육을 먼저 하고 싶어한다. 나는 강의를 시작한 첫 몇 해 동안은 부모들이 원하는 대로 일찍부터 훈육법을 가르쳤으나 결과가 좋지 않았다. 그래서 교육과정을 바꿔 어린이의 올바른 행동을 강화하는 법, 즉 보상하기부터 가르쳤다. 확실히 무수히 많은 성공 사례가 쏟아져 나왔다.

아이의 문제행동을 바로잡고 아이를 잘 키우는 비결은 부모와 아이 사이의 긍정적인 상호작용에 있다. 강화는 성공적인 자녀 교육을 위한 핵심 요소다. 아이의 품행이 좋아지면 훈육의 필요성은 줄어든다.

주의산만 및 품행불량 아동에게 강화 기술을 이용하면 보통은 낮은 자아 존중감을 극복하는 데 큰 도움이 된다. 아이의 행동 양식이 긍정적으로 바뀌면 칭찬을 해서 자신감을 갖도록 한다.

강화는 올바른 품행을 유지하거나 늘리는 과정이다. 거꾸로 말하면 올바른 품행을 유지하거나 늘리기 위해서는 강화가 필요하다. 종종 우리는 의도치 않게 없애고 싶어하는 나쁜 행동들을 강화한다. 나쁜 행동 강화를 피하는 방법은 나중에 이야기하겠다. 이 장에서는 강화를 이용하여 아이가 새롭고 바람직한 반응을 익히게 하는 방법을 배운다.

사회적 강화와 물질적 강화

강화 인자를 크게 두 가지로 나눌 수 있다. 사회적 강화 인자와 물질적 강화 인자다. 물질적 강화 인자는 다시 두 가지로 나뉜다. 활동과 물건이다.

사회적 강화 인자는 부모와 자식 사이의 개인적인 상호작용이다. 관심을 기울여 아이와 함께 시간을 보내거나 아이를 바라보기, 아이에게 말 걸기, 칭찬하기, 어루만져주기, 들어주기, 응답하기 등이 이에 해당한다.

물질적 강화 인자에는 아이들이 좋아하는 활동이 포함된다. 텔레비전 보기, 자유롭게 놀기, 밖에 나가기, 자전거 타기, 게임하기, 특별히 허용되는 것 즐기기, 야구 게임 관전하기 등이다. 장난감, 좋아하는 음식, 돈, 토큰(도장, 별 표, 포커 칩 등), 새 자전거 같은 물건도 포함된다.

물질적 강화보다 사회적 강화가 더 좋다. 부모 역할 훈련의 가장 큰 특징은 다른 자녀 양육법과 달리 사회적 강화를 물질적 강화보다 훨씬 더 강조한다는 점이다. 그 이유는 다음과 같다.

사회적 강화가 관계 형성에 더 도움이 된다

아동기 초기의 사회적 강화는 부모와 자식 간의 친밀한 관계를 형성하는 데 중요하다. 부모가 적극적으로 아이의 적절한 품행을 강화할 때만이 긍정적인 관계를 형성할 수 있다. 이 책의 주안점은 행동 문제를 해결하는 것을 넘어서 부모 자식 간의 끈끈하고 정다운 관계를 만드는 것이다.

이러한 관계부터 만들면 아이가 사춘기가 돼도 심하게 걱정할 만한 행동은 하지 않을 것이다. 사춘기가 되면 반항심이 생기기 마련인데 어렸을 때부터 이러한 부모와 자식 간의 사랑하는 관계를 잘 다져놓으면 반항의 정도를 줄일 수 있다.

친밀한 관계를 만들면 주의산만 및 품행불량인 자녀에게 올바른 가치관을 심어주는 일을 좀 더 쉽게 할 수 있다. 아이에게 건전한 가치관을 심어주는 것이 부모 역할 훈련의 주요 목적 중 하나다. 물질적 강화에만 의존하는 프로그램으로는 행동을 통제할 수 있을지 몰라도 관계를 튼튼하게 만들 수는 없다.

물질적 강화는 효과가 오래가지 않는다

물질적 강화 인자는 행동에 즉각적인 변화를 주지만 그 효과가 금방 사라진다. 크리스마스가 다가오면 아이들이 선물을 받고 싶어서 얌전하게 행동한다. 그러나 새해가 되면 선물에도 싫증나고 다시 예전 상태로 돌아간다. 동기가 사라진 것이다.

아이가 강화제에 싫증을 낸다면 그것은 행동을 통제하는 강화제로서의 기능을 잃은 것이다. 이것을 포만 효과(satiation effect)라고 한다. 그러나 사회적 강화를 할 때는 포만 효과를 걱정할 필요가 없다.

물질적 강화 인자는 보상 심리를 부추긴다

물질적 강화에 익숙해지면 아이는 물질적 보상이 없으면 품행을 바르게 하지 않는다. 어떤 저자들은 "어른도 노동의 대가를 받는데 왜 아이라고 그렇게 하면 안 되느냐?"고 반문한다. 그럼 나는 되물을 것이다.

어른이 집에서 일하고 얼마를 받는가? 우리는 집에서 기꺼이 즐거운 마음으로 가족에 대한 책임을 다하기 위해 일한다. 우리는 다른 가족들에게 보상을 바라서가 아니라 예의와 존중의 표시로 올바르게 처신한다. 우리는 아이가 우리 어른들처럼 똑같은 가치관을 갖고 행동할 수 있도록 가르쳐야 한다. 아이들 역시 가족을 사랑하는 마음과 가족에 대한 책임감을 가져야 한다. 이런 가치를 우리 아이들에게 가르쳐주는 것이 단순히 행동만 통제하는 것보다 더 중요하다. 사회적 강화에서는 보상 기대 심리가 문제가 되지는 않는다.

사회적 강화는 아이에게 긍정적 자아상을 심어준다

사회적 강화가 특히 중요한 이유는 아이가 더욱 긍정적인 자아상을 만들고 자아 존중감을 갖게 하기 때문이다. 많은 부모들이 본능적으로나 의도적으로 꾸준히 자녀를 칭찬하면서 사회적 강화를 한다. 하지만 애석하게도 자녀에게 소리치고 야단치고 심하게 벌을 주거나 무시하는 부모들도 많다.

아이들의 자아상은 부모가 자신을 어떻게 대우하는지, 부모가 무슨 말을 하는지에 따라 형성된다. 자아 계발 시기 초기에 부정적인 대우를 받은 아이는 긍정적인 자아상을 가질 수 없게 된다. 한번 자아상이 굳어지면(보통 열 살쯤에 완성된다) 바꾸기가 매우 어렵다. 꾸준히 아이를 칭찬해야 한다. 아이가 바람직한 일을 하려고 열심히 노력할 때 특히 칭찬해야 한다.

산만하거나 품행이 좋지 않은 아동들은 종종 부모, 교사, 또래 아이들에게 가혹한 대우를 받는다. 이런 아이들에게는 다른 아이들보다 더 많은 사회적 강화가 필요하다. 자아상을 더 긍정적으로 발전시키려면 긍정적인 말을 해줘야 한다. 주의산만 및 품행불량 아동은 부정적인 반응을 하곤 하는데, 긍정적이고 지속적인 사회적 강화로 이런 문제를 막을 수 있다.

물질적 강화는 자녀 양육에 적절치 않다

물질적 강화에 기반한 토큰 경제 프로그램은 자녀 양육에 적절하지 않은 방식이다. 벽에 차트를 붙이고 별표나 체크 표시를 하는 것은 정상적인 부모 자식 간의 인간관계를 손상시킨다.

아이가 사회성을 기르고 적절한 가족 관계를 맺기 위해서는 가족이 정상의 기준이 되어야 한다. 목록, 차트, 스티커는 정상적인 가족 관계와 가정에서 하는 행동의 기준이 될 수 없다.

아이들은 가정에서 품행 양식을 익히기 때문에 부모가 본보기를 보여주는 것이 중요하다. 자신이 참고하는 어린 시절 경험이 정상이 아니라면 성인이 돼서 자신의 역할과 행동규범, 가치관에 대해 혼란스러워할 수 있다. 토큰 프로그램은 그러한 본보기를 제공해주지는 못한다.

나는 학급 관리 기술을 가르친다. 그래서 토큰 프로그램이 교내 단체 행동을 통제하는 데 도움이 된다는 것을 안다. 하지만 가정에서 이런 프로그램을 쓰는 것은 부적절하다.

효과적인 강화 원칙

몇 가지 기본 원칙만으로 아이의 행동을 효과적으로 바꿀 수 있다.

강화는 즉각적일수록 효과가 빠르다

사회적·물질적 강화는 즉각적으로 하는 것이 행동을 변화시키는 데 더 효과적이다. 아이가 새로운 사회성 기술 및 행동과 다른 사람들에게서 받는 긍정적인 반응 사이의 연관성을 익힐 수 있도록 착한 행동을 하자마자 바로 강화를 해주어야 한다.

강화 시기의 적절성, 즉 즉각적인 강화는 새로운 행동을 배우는 단계에서 매우 중요하다. 강화가 늦춰지면 아이는 어떻게 행동해야 할지 혼란스러워할 수 있고 원래 강화하려고 했던 행동 대신 강화를 하는 순간에 했던 행동이 강화된다.

예를 들어 아이에게 장난감을 주으라고 해서 아이가 바로 장난감을 주웠는데 30분 후에 아이에게 말을 잘 들어서 착하다고 칭찬했다고 하자. 칭찬을 할 때 아이가 식탁을 두들기고 있었다면 아이는 이제 계속 식탁을 두드릴 것이다. 강화는 매우 강력하지만 잘못 쓰면 역효과가 나타난다.

강화는 지속적으로 해야 한다

강화로 효과를 보려면 부모가 긍정적인 반응을 지속적으로 강화해야 한다. 이것은 새로운 적절한 품행을 배우거나 몸에 익힐 때 매우 중요하다. 즉 새로운 품행을 배우는 동안 아이가 긍정적인 반응을 보일 때마다 그 반응을 강화해야 한다.

예를 들어보자.

"조니, 장난감 정리하고 저녁 먹을 준비해라"라고 말했다고 하자. 조니는 즉시 장난감을 치우기 시작한다. 그 행동을 강화하기 위해서 "조니, 엄마 말 잘 듣고 금방 따라주어서 참 예쁘다. 우리 아들 자랑스럽구나"라고 말한다. 이렇게 하면 아이가 부모의 지시 사항에 순응하는 것을 강화할 수 있다.

또 다른 예시를 들어보자. "안 돼, 조니야. 밥 먹기 전에 사탕 먹지 마"라고 하자 조니는 "알겠어요"라고 말하며 사탕에서 손을 뗀다. 만약 조니가 예전에는 이런 상황에서 떼를 썼다면 더욱더 이 순간을 흘려보내서는 안 된다. "조니야, 기다려. 안아주고 뽀뽀해줄게. 아빠가 안 된다고 했을 때 화내지 않고 아빠가 한 말을 잘 들어줬네. 사랑한다, 아들아"라고 말해라.

조니와 조니의 여동생 메리가 싸우지 않고 분쟁을 잘 마무리하면 아이들에게 가서 이렇게 말해라. "조니, 메리 너희 둘이 훌륭하게 의견차를 조정하는 걸 들었다. 조니는 메리에게 키보드를 빌려달라고 했는데 메리가 안 된다고 하니까 예의바르게 조심해서 다루겠다고 했어. 아빠는 동생한테 윽박지르지 않고 예의바르게 부탁하는 우리 아들이 자랑스럽다. 그리고 메리도 처음엔 거절했지만 오빠가 하는 말을 듣고 생각을 바꿔서 키보드를 빌려주었어. 징징대거나 울지 않고 대범하게 잘했다. 아빠는 우리 딸이 자랑스러워. 우리 아들딸 다 자랑스럽고 사랑한다."

새로운 행동규범을 훈련시키려면 처음에는 많이 노력해야 한다. 하지만 일단 이 규범이 정착되면 일은 한결 쉬워진다. 생각했던 것보다 훨씬 빨리 결과를 보게 될 것이다.

보호자들은 교육 방침에 일관성을 가져야 한다. 엄마와 아빠를 비롯한 모든 보호자들이 적절한 행동을 가르칠 때는 일관성 있게 강화해야 한다. 아이가 올바른 행동을 했을 때 아이 곁에 누가 있든지 똑같이 그 행동을 강화해주어야 한다.

몇 년 전 우리 상담소 선생님 중 한 분이 부모가 너무 체계적이지 못해서 일관성을 지키기 어려운 경우에는 어떻게 해야 하는지 물어왔다. 나는 그런 부모들이라면 일관성을 지키는 법을 배우는 치료요법을 받아보는 것이 좋겠다고 말했다. 일관성을 유지할 수 없는 어른들은 자녀를 성공적으로 양육하기 어렵다. 어른들이 자식 교육을 제대로 하려면 열심히 노력해야 한다는 것을 명심하길 바란다.

식당이든 교회든 절이든 가게든 어느 곳, 어떤 상황에서든지 행동에 대한 강화를 일관성 있게 해야 한다. 사회적 강화의 좋은 점 중에 하나가 바로 언제 어디서든 할 수 있다는 것이다.

강화는 아이들에게 동기를 부여한다

아이가 올바르게 행동하면 그 결과로 강화를 하고 옳지 않은 행동을 하면 그 결과로 훈육을 한다. 이 원인-결과 공식은 주의산만 및 품행불량 아동을 다루는 기본 방침이다. 문제 아이일수록 더욱 엄격하게 규칙을 적용해야 한다.

일부 전문가들(주로 인본주의 심리학자)은 조건적인 강화가 아이의 심리적 성장에 해로우며 아이가 칭찬을 받을 목적으로 행동해서는 안 된다고 주장한다. 강화는 무조건적이어야 한다고 주장한다. 인본주의 심리학자 칼 로저스(Carl Rogers, 1951), 토머스 고든(Thomas Gordon, 1970), 에리히 프롬(Erich Fromm, 1956), 에이브러햄 매슬로(Abraham Maslow, 1962)는 조건적 강화가 아동의 자연적인 탐구심과 학습 욕구를 방해하고 조건적으로 강화된 아이들은 어른이 되어서도 강화를 찾으면서 일생을 보낼 것이라고 주장했다.

물론 나도 이들이 주장한 대로 아이들이 자연스럽게 탐구심을 발휘하는 것이 좋다고 생각한다. 그러나 조건적 강화로 그 탐구심을 더욱 강화할 수 있다. 결과에 따른 강화는 새로운 품행 양식을 배울 때 중요하다. 아이가 본래 갖고 태어난 창의력을 저해하기보다는 더욱 키워줄 수 있기 때문이다. 즉 원인-결과 강화는 아이들에게 동기부여를 해주고 동기부여는 주의산만 및 품행불량 아동을 고치기 위한 열쇠다.

인본주의 심리학자들은 아이가 무슨 행동을 하든 상관없이 항상 강화를 해야 하며, 무조건적으로 "사랑해, 예쁘다, 착하구나"라는 말을 하라고 가르친다.

인본주의 심리학자들은 훌륭한 심리학 이론을 많이 개발했다. 하지만 조건적 강화(착한 일에 칭찬하기)와 무조건적 강화(아이에게 사랑한다고 말하기)를 같이 많이 해야 한다. 나는 우리 아이들을 자주 안아주고 자주 뽀뽀해준다. 포옹과 뽀뽀는 무조건적인 것으로, 단지 나의 아이라는 이유로 많이 한다. 이것은 무조건적 강화다. 강화를 많이 받은 아이들은 안정적이고 자신감이 생기며 칭찬을 받으려고 일생을 허비하지 않는다.

칭찬은 타이밍이 중요하다

여기 작은 비밀이 있다. 조건적인 강화든 무조건적인 강화든 강화를 한 그 시간에 아이가 하던 행동이 강화된다. 중요한 것은 무슨 말을 했느냐가 아니라 적절한 타이밍이다. 당신이 아이에게 하는 행동이나 말은 바로 그 순간에 아이가 하는 행동을 강화하는 것이다. 여기 예가 있다.

엄마: 조니야, 장난감 치워라.

조니: 엄만 날 싫어해.

엄마: 엄마는 널 좋아해. 네 행동이 싫은 거야.

표면적으로 보면 이것은 아이와의 건전한 상호작용인 것 같다. 그러나 사실은 이렇다. 엄마가 무의식적으로 자기 연민성 말투(엄만 날 싫어해)를 강화하고 있는 것이다. 아이와 대화하면서 엄마는 대화 바로 전의 행동을 강화하고 있다. 타이밍이 중요하다.

훈육에 관한 장에서 자주 자기 연민성 발언을 하는 아이에게 그에 상응하는 결과를 즉시 엄격하게 경험시키는 방법을 배울 것이다. 여기에서는 타임아웃 방법을 설명하지 않겠다. 훈육을 다룬 장에서 타임아웃에 관해 꼼꼼히 읽어보길 바란다.

하지만 앞의 예문을 다시 활용해 잠깐 맛보기를 보여주겠다. 조니는 연달아 두 가지 표적 행동을 했다. 불순응과 자기 연민성 발언이다. 그러므로 올바른 부모의 행동은 이 표적 행동을 강화하는 것이 아니라 다음과 같이 즉각 엄격히 대응하는 것이다.

엄마: 조니야, 장난감 치워라.

조니: 엄만 날 싫어해!

엄마: (단호한 목소리로) 잠깐 중지(time out)!

타임아웃이 끝나면 다음과 같이 해야 한다.

엄마: 조니야, 타임아웃 끝났다. (조니가 엄마에게 온다.) 왜 잠깐 중단해야 했지?

조니: 제가 장난감을 안 치워서요.

엄마: 또?

조니: 엄마한테 엄마가 날 싫어한다고 말해서요.

엄마: 그럼 어떻게 해야 하지?

조니: 장난감을 치워야 해요.

엄마: 좋아. 가서 치워. (조니가 장난감을 치우러 간다.)

말 들어서 고맙다, 조니야. (이 말이 즉각적으로 순응을 강화한다.)

부모는 아이와 항상 원인-결과성 상호작용을 한다. 안타깝게도 이런 상호작용은 대부분 부정적이다. 집이나 학교에서 아이들이 얌전하고 예의바르게 행동할 때 어른들은 그런 행동에는 관심을 기울이지 않는다. 아이들이 부적절한 말이나 행동을 할 때야 신경을 쓴다. 이것이 부정적인 상호작용이다.

아이에게 무조건적인 강화성 말을 하고 싶으면 아이가 착하게 굴 때 그렇게 해라. 아이가 얌전히 앉아서 놀거나 책을 읽거나 텔레비전을 볼 때 나는 아이들에게 가서 안아주며 "사랑한다"고 말한다. 그러나 아이들이 잘못된 행동을 할 때는 일부러 관심을 거두어 의도치 않은 잘못된 행동을 강화하는 일을 피한다.

보호자들(주로 부모와 교사)은 행동에 따른 벌을 주는 것은 잘하지만 행동에 따른 강화를 하는 것은 잘하지 못한다. 다시 한번 강조하지만 아이를 변화시키는 비결은 벌이 아니라 칭찬이다.

칭찬할 때는 구체적으로 하라

행동을 사회적으로 강화할 때는 다음과 같이 구체적으로 설명한다.

"엄마는 네가 밥상 앞에 앉아 있는 태도가 좋아. 얌전하고 부탁할 때 예의바르고."

아이가 숙제를 다 하고 나서 가져왔을 때는 이렇게 말하라.

"숙제 참 잘했구나. 엄마가 알려준 것처럼 글씨를 예쁘고 단정하게 잘 썼네."

장난감을 치우라는 지시를 잘 따랐을 때는 이렇게 말하자.

"조니야, 엄마가 부탁했을 때 장난감을 치워서 기쁘다. 네가 자랑스럽구나."

이런 말들은 아이가 어른의 기대를 충족시키는 행동을 정확히 했을 때 아이 자신이 무슨 일을 했는지 긍정적으로 상기시켜주는 역할을 한다. 부모, 교사, 조부모 등 모든 보호자들은 아이가 한 착한 일을 구체적으로 얘기하면서 사회적 강화를 해야 한다.

부모는 항상 구체적으로 말하지만 대개는 다음과 같이 부정적으로 그렇게 한다.

"왜 엄마가 말한 대로 장난감을 치우지 않았니?"

"왜 엄마 말은 하나도 안 듣니?"

"밥상에서 그런 소리 내지 마라. 얌전히 앉고 입 다물어."

"글씨 참 지저분하게 썼구나. L 자 쓴 거 봐. 내가 똑바로 쓰라고 몇 번이나 말해야 하니?"

마치 아이들이 잘못하기를 기다리기라도 한 것처럼 아이가 잘못을 하면 야단치고 부정적인 반응을 보인다. 부모와 교사는 아이를 대할 때 습관처럼 부정적인 말을 사용하고, 슬프게도 주의산만 및 품행불량 아동을 대할 때도 그렇다. 이러한 습관은 긍정적인 자아상을 키워야 하는 아이들에게 반작용을 일으킨다.

잘못된 행동이 부모가 폭발할 때까지 계속 악화되기도 한다. 예를 들어 조니가 식탁 다리를 찬다고 하자. 처음엔 무시하려고 한다. 그랬더니 이제는 동생을 때린다. 그러면 부모는 폭발한다.

잘못된 행동이 악화되기 전에 항상 경계해야 한다. 아이가 잘못된 짓을 하기 전에 긍정적인 말을 한다. 예를 들어 "조니야. 오늘 저녁에는 밥상에서 얌전하네. 잘했다, 얘야"라고 말한다. 아이가 식탁 다리를 걷어차기 전에 이 말을 하라.

사회적 강화를 할 때 피해야 할 것은 바로 과장되고 유치한 방식으로 아이에게 말하는 것이다. 달콤하고 유치한 말로 아이의 관심을 살 수는 있지만 그런 말투가 본보기가 되어 부적절한 사회적 행동을 형성시킬 수 있다. 아이가 이런 말투를 따라한다면 밖에서 다른 친구들이 비웃거나 따돌릴 수 있고 그것이 아이를 괴롭히고 상처를 줄 수 있다. 아이에게 말할 때는 분명하고 따뜻하며 다정하게 말하라. 그리고 자연스럽게 말하라.

칭찬은 동기를 부여한다

동기부여는 주의산만 및 품행불량 아동을 치료하는 열쇠다. 행동 형성(shaping)이란 아이에게 새로운 기술을 배우도록 동기부여를 하는 강화 방법으로서, 복잡한 행동이나 기술을 여러 단계로 나누어서 학습하기 쉽게 하는 것이다. 각 단계별로 성취할 때마다 구체적인 칭찬을 해주는 것이 좋다. 그림 6-1은 한 행동이 강화로 어떻게 형성되는지를 보여준다.

그림 6-1 ::: 행동 형성

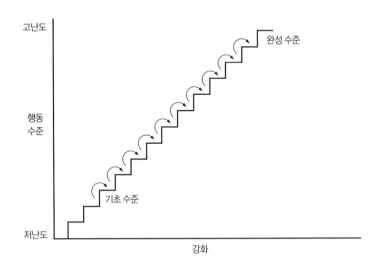

행동 형성의 예를 들어보겠다. 다섯 살 난 대니에게 아침마다 일어나서 이부자리를 정리하도록 가르치려 한다. 첫째, 아이가 도움 없이 무엇을 할 수 있는지를 지켜본다(기본 단계). 그리고 처음 시도했을 때 기대치에 훨씬 못 미치더라도 노력한 것을 칭찬한다. 둘째, 대니에게 그다음에 어떻게 해야 하는지를 가르쳐준다. 침대 커버를 평평하게 펴는 것 등을 가르친다. 아이는 올바르게 할 때까지 그것을 연습한다. 대니가 1단계와 2단계를 마치면 칭찬해준다.

대니가 마지막 단계까지 완벽히 다 할 때까지 강화를 미룬다. 3단계는 침대보를 끌어당겨 베개 아래에 밀어 넣는 것이고 4단계는 침대보를 평평히 펴는 것이다.

아이에게 하루에 모든 단계를 다 가르칠 필요는 없다. 행동 형성은 부모의 노력이 필요히다. 히지만 아이가 침대 정리를 어떻게 하는지 배우면 부모가 아이를 위해 침대 정리를 해줄 필요가 없다. 멋지지 않은가?

복잡한 행동 형성과 자립적인 기술은 여러모로 장점이 많다. 아이는 집안일을 분담함으로써 자신이 중요한 사람이라고 느끼게 된다. 재촉하거나 달래거나 도와주지 않아도 아이가 자립적으로 일하는 법을 배운다. 이는 부모 역할 훈련에서 매우 중요한 부분이다.

칭찬은 자립심과 독립심을 키운다

의존성은 주의산만 및 품행불량 아동이 고쳐야 할 표적 행동 가운데 하나다. 어떤 일을 하는 법을 가르치면 일, 인지, 정서 의존성을 줄일 수 있다. 게다가 아이들은 복잡한 일을 하나하나 성공적으로 해나가면서 성취감을 느끼고 자신감을 갖게 된다. 그리고 긍정적인 자아상을 갖게 된다. 아이가 어릴 때 이 과정을 시작하면 결코 주의산만이나 품행불량 진단을 받지 않을 것이다.

행동 형성은 성인이 되어서까지도 큰 영향을 미친다. 어떤 기술들은 그것을 가르치는데 너무나 많은 시간과 노력이 들기 때문에 부모나 교사들조차도 가르쳐주지 않는다. 아이가 자신감과 독립심을 키울 수 있도록 되도록 많은 기술들을 가르쳐라. 나이가 들수록 더 복잡한 기술을 가르쳐라. 요리하는 법, 세탁하는 법, 전등 스위치 고치는 법, 차 수리하는 법 등등을 가르쳐라.

물론, 아이들이 실수하는 것을 참고 지켜보는 것이 어려울 수도 있다. 어른이 하는 게 아이에게 맡기는 것보다 더 쉽고 빠르게 할 수 있다. 하지만 기술을 익히고 자신감을 갖고 독립적으로 제 할 일을 다 하는 것이 당장의 효율성보다 훨씬 더 중요하다.

최고의 선생님은
칭찬을 통해 문제행동을 바꾼다

당신이 교사라면 교실에서 새 기술을 가르치기 위해 학생들에게(그리고 본인의 자녀에게) 칭찬을 통한 행동 형성법을 이용하고 있는지 스스로에게 물어볼 필요가 있다. 교사로서 아이들에게 복잡한 개념을 가르칠 때 사회적 강화를 올바르게 그리고 지속적으로 하는가? 학생이 올바르게 했을 때 칭찬하는가? 다시 말해 일상적으로 아이들에게 기술을 형성(shaping)시키고 있는가?

그렇다면 당신은 최고의 선생님이다. 어떤 교사들은 매일 모든 아이들에게 적극적으로 강화를 하는 것은 너무 벅찬 일이라고 불평할 수도 있다. 나는 그렇게 생각하지 않는다. 교사가 해야 할 일은 교실을 돌아다니면서 공부하고 있는 아이들에게 어깨를 짚어주거나 칭찬하고, 학생들의 노력과 성취에 미소 짓는 것뿐이다. 이렇게 하면 반 전체의 분위기가 더욱 긍정적으로 바뀔 수 있다.

주의산만 및 품행불량 아동에게 노력에 대해 칭찬하는 것은 중요한 동기부여 방법이다. 교사는 학생이 어떤 기술을 익히도록 도와주는 대신 한 단계를 잘 통과했으면 칭찬을 하고 다음 단계로 나아가도록 격려하는 것이 좋다. 이는 학급에 있는 아이들 각각에게 몇 초만 투자하면 할 수 있는 일이다.

학교 문제는 주의산만 및 품행불량 아동과 상담할 때 자주 나오는 문제임을 명심하자. 주의산만 및 품행불량 아동은 학교에서 학교생활을 잘하도록 하는 동기부여가 안 돼 있다. 거칠게 말하면 이 아이들은 학교를 싫어한다. 교사가 행동 형성 기술을 이용하여 적극적으로 노력해야 이 아이들이 학교를 좋아할 수 있다. 즉 교사가 학교생활을 더 잘하고 싶은 마음이 들도록 동기부여를 해야 한다. 아이가 학교생활을 잘하고 싶은 마음이 들면 주의산만이나 품행불량 증세는 사라질 것이다.

때로 물질적 강화를 이용하라

나는 지금껏 주의산만 및 품행불량 아이들을 상담해오면서 열두 살 이하의 아이들에게 물질적인 강화를 써야 할 필요성을 느낀 적은 거의 없었다. 사회적 강화를 올바르게 적용하면 충분히 훌륭한 결과가 나왔기 때문이다. 그러나 때때로 물질적 강화 인자는 부모가 없을 때 일어나는 행동을 통제하는 데 유용하다. 이것은 대부분 아이가 학교에 있을 때 하는 행동을 의미한다. 주의산만 및 품행불량 아동의 부모가 가장 걱정하는 부분이기도 하다.

주의산만 및 품행불량 아동 가운데 20퍼센트는 부모 역할 훈련을 통해서도 학교생활에서는 나아진 모습을 보이지 않기 때문에 추가적인 개입, 즉 물질적 강화 인자가 필요하다. 이 책 뒷부분에서 이 20퍼센트의 아이들을 학교 프로그램으로 어떻게 도울 것인지를 설명할 것이다. 물질적인 강화 인자를 언제 어떻게 사용해야 할지 기준을 정하는 것이 중요하다. 이것도 함께 설명할 것이다.

즉각성, 일관성, 원인—결과 공식, 이 3원칙은 사회적 강화뿐만 아니라 물질적 강화를 할 때도 지켜야 한다. 여기 구체적인 추가 원칙을 소개한다.

아이가 좋아하는 것으로 보상하여 강화하라

부모가 아이스크림을 좋아한다고 해서 아이가 아이스크림을 좋아하는 것은 아니다. 유심히 관찰해서 아이가 무엇을 혹은 어떤 일을 좋아하는지 파악하라. 무엇이 아이의 행동을 강화하는지 명확히 알아야 한다. 아이의 행동을 강화하는 것이 무엇인지 알고 있다고 단정하지 마라.

딸을 매우 염려하는 부부를 상담한 적이 있다. 태어날 때 머리를 다쳐 뇌 손상을 입어 늦된 아이였다. 부부는 몇 년간 도움을 구했으나 헛수고였다. 그들은 "아무것도 우리 애를 강화시키는 게 없다"고 말했다.

난 그 말에 동의하지 않았다. 모든 아이들에게는(심각한 장애가 있는 아이까지도) 그들의 바람직한 행동을 강화할 수 있는 다양한 물건과 활동이 있다. 나는 그 부모에게 아이를 주의 깊게 관찰해서 단서를 찾아보라고 했다. 일주일 후 그들은 짧지만 충분한 강화 인자 목록을 가지고 왔다. 껌 씹기, 좋아하는 오래된 티셔츠 입기, 잘 때 라디오 듣기였다. 보라. 항상 뭔가가 있다. 이 목록으로 우리는 행동교정 프로그램을 시작했고 결과는 물론 성공이었다.

물질적 강화를 남용하면 효과가 떨어진다

아이가 물질적 강화 인자에 질려서 그 효력이 떨어지지 않도록 지속적으로 그 효과를 관찰하고 물질적 강화를 새롭게 바꿔주는 것이 좋다. 물질적 강화는 남용하면 그 효과가 떨어진다(앞에 언급한 포만 효과). 처음에 효과가 있었던 강화 인자가 나중에는 효과가 없어서 더 강력한 것으로 대체해야 하는 경우도 있다.

어떤 부모들은 특정 강화 인자를 그 효력이 되돌아오길 바라면서 당분간 사용하지 않기도 한다. 아이에게서 어떤 물건이나 활동을 금지하면 아이는 금지된 것을 하고 싶어한다. 예를 들어 아이에게 자전거를 타지 못하도록 하면 처음 며칠간은 불편함을 못 느낄 것이다. 그러나 시간이 더 지나면 그것을 점점 더 원하게 되고 자전거 타기는 행동을 통제하는 데 유용한 강화 인자가 된다. 아이가 다시 그 중요성을 깨달았기 때문이다.

많은 주에서 법으로 몇몇 강화 인자를 금하고 있다. 예를 들어 생명 유지에 필요한 음식, 물, 잘 곳, 의복은 아이에게서 빼앗을 수 없다. 이런 것을 주요 강화 인자라고 한다. 그 밖의 강화 인자(자전거, 축구, 좋아하는 인형 등등)는 2차 강화 인자라고 하며 바람직하지 않은 행동을 통제하는 데 유용하다.

아무리 떼를 써도 강화물의 대체제를 허용하지 마라

아이가 강화 인자를 얻지 못할 때 대체제를 허용해서는 안 된다. 나는 이 원칙이 매우 효과적임을 알게 되었다.

일곱 살 난 마이클은 매일 아침마다 뭉기적거렸다. 그래서 번번이 스쿨버스를 놓쳤고 엄마가 학교까지 태워다줘야 했다. 주의산만 및 품행불량 아동에게 꾸물대기는 매우 흔한 행동이다. 아이가 꾸물대는 바람에 엄마는 직장에 지각하기 일쑤다. 이런 경우 아이를 일찍 깨우는 건 해결책이 아니다. 소리치고 애원하고 으박지르는 것도 도움이 되지 않는다. 주의산만이나 품행불량 아동은 부모를 화나게 하는 데 선수다.

마이클은 자전거 타기를 좋아한다. 그래서 우리는 아이에게 학교 갈 준비를 아침 7시 45분까지 마치면 방과 후 3시 30분부터 5시까지 자전거를 탈 수 있다고 했다. 아침에 정시에 준비를 못하면 그날은 그 시간에 자전거 타기뿐만 아니라 어떤 대체제도 허용하지 않았다. 즉 3시 30분부터 5시까지는 친구와 놀지도, 전화 통화도, 숙제도 못하게 했다.

이 방법이 가혹하다거나 심하다고 생각하는 독자들이 있을지도 모른다. 그러나 부모 역할 훈련은 주의산만 및 품행불량 아동을 위해 고안한 프로그램임을 명심하라. 이 프로그램은 최대한 빨리 아이의 부적절한 행동을 적절한 행동으로 바꾸기 위한 것이다.

마이클이 빨리 변해서 리탈린을 먹으라는 소리를 듣지 않길 원한다면 이런 적극적인 방법이 때로는 필요하다. 그러나 이 프로그램에서는 매일이 새로운 시작이다. 마이클이 선택할 수 있다는 얘기다. 다음 날 제시간에 준비를 마치면 자전거를 탈 수 있고, 늦으면 자전거를 탈 수도 없고 숙제를 좋아하는 텔레비전 프로그램이 시작하기 전에 미리 마칠 수도 없다.

만약 마이클이 그 시간대에 강화 인자를 대체하는 것을 찾았다면 강화 인자를 바꿔야 한다. 마이클이 자전거를 탈 수 없는 대신 비디오게임을 할 수 있다면 자전거 타기는 더 이상 강화 인자가 될 수 없다.

숙제를 못하게 하는 것도 중요하다. 이 시간대에 숙제를 다 하면 나중에 마음 편히 놀 수 있기 때문이다. 내가 상담한 주의산만 및 품행불량 아동들의 사례를 보면 좋아하는 활동을 금하더라도 숙제를 하도록 내버려 두면 효과가 없었다.

주의산만 및 품행불량 아동은 제멋대로다. 강력하고 단호한 개입이 필요하다. 부모 역할 훈련으로 효과를 보려면 엄격해야 한다. 아이가 빨리 변할수록 긍정적인 물질적·사회적 강화를 더 일찍 받는다. 아이가 더 빨리 좋아질수록 친구들과 어른들이 더 아이를 좋아하게 된다. 약물을 사용하거나 체벌을 하기보다는 엄격한 태도를 유지할 것을 권한다. 안 그러면 아이는 계속 따돌림을 받거나 실패를 반복할 것이다.

마이클 어머니는 아들에게 금지 행동을 대체할 만한 행동도 허용하지 않았다. 대체 행동은 효과를 떨어뜨리기 때문이다. 첫 번째 주에 효과가 나타났다. 마이클은 매일 제시간에 학교 갈 준비를 마쳤고 지금까지 잘하고 있다. 리탈린 없이도 이렇게 성공했다.

품행이 좋아져도 특별한 것을 사주지 마라

품행이 좋아져도 아이에게 특별한 것을 사주지 마라. 성적이 올랐다고 새 자전거를 사주는 것은 아이들에게 뇌물과 강탈에 대해 가르치는 것이나 다름없다. 대신 강화 인자로 주변에 이미 있는 것을 활용하거나 일상생활의 일부를 활용하도록 한다.

자연스러운 강화 인자의 예로 밤에 한 시간 텔레비전 시청, 친구와 전화하기, 친구들과 축구하기, 방과 후 밖에서 한 시간 반 동안 자유롭게 놀기, 저녁 식사 후 좋아하는 디저트 먹기 등이 있다.

이런 강화 인자는 매우 중요한 품행을 강화할 때 유용하다. 사실 학교 프로그램이 필요할 때 이런 강화 인자를 사용해야 한다. 학교 프로그램을 실시할 때는 교사가 매일 일지를 써서 가정에 보내는데, 부모는 이 매일매일의 평가를 토대로 대체제 없이 어떤 강화를 이용할 것인지 정할 수 있다. 주의산만 및 품행불량 아동은 매일 올바르게 행동하거나 강화 인자를 잃거나 둘 중 하나를 선택하게 된다.

충분히 칭찬한 다음에는 안아주고 쓰다듬어주어라

사회적 강화는 아이가 올바르게 행동할 때마다 충분히 주어야 한다. 물질적 강화 인자를 이용할 때도 사회적 강화와 함께 해야 한다. 물질적인 보상은 올바른 행동을 한 데 대한 칭찬, 포옹, 키스와 같은 사회적 보상과 함께 하지 않으면 효과가 없다. 이것이 모든 행동수정 방법에서 황금률이다. 진정으로 효과가 있는 것은 사회적 강화다.

성공적인 훈육의 열쇠는 일관성이다

여러분은 효과적인 훈육법을 알고 싶을 것이다. 그리고 나는 뒷장에서 분명히 이 방법을 다룰 것이다. 그러나 일관된 사회적 강화야말로 성공적인 훈육의 열쇠다. 그것 없이는 어떤 훈육도 효과가 없다. 사실 일관된 사회적 강화 없이는 어떤 방법도 성공할 수 없다.

옳은 행동을 적극적으로 강화하면 옳지 않은 행동이 사라지고 새로운 적절한 행동이 나타날 것이다. 올바르게 훈육하는 법을 모르면 큰 변화가 일어나지 않을 것이다. 우리가 간절히 원하는 완벽한 변화에 필요한 것은 적절한 훈육과 강화를 동시에 하는 것이기 때문이다.

　내가 상담한 대부분의 가족은 수업을 들은 후 바로 사회적 강화를 시작하고 다음에 상담할 때는 웃으면서 나타났다. 그들은 아이에게 즉각 효과가 나타나는 것을 지켜보았고, 아이에게 리탈린이 필요하지 않다는 사실을 이해하게 되었다.

07
벌주고 매를 드는 부모가
아이의 불안을 키운다

아이에게 절대 하지 말아야 할 것

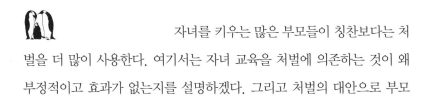

자녀를 키우는 많은 부모들이 칭찬보다는 처벌을 더 많이 사용한다. 여기서는 자녀 교육을 처벌에 의존하는 것이 왜 부정적이고 효과가 없는지를 설명하겠다. 그리고 처벌의 대안으로 부모 역할 훈련에서 제안하는 훈육 방법이 왜 중요한지 알아보겠다.

처벌은
문제를 악화시킬 수 있다

적절한 처벌 방법을 배우고 싶어하는 부모들이 많은데, 아이의 품행을 향상시키는 열쇠는 강화임을 다시 한번 상기시켜주고 싶다. 칭찬이나 포옹 같은 긍정적인 사회적 강화는 아이의 정신적·정서적 성숙 및 행동 향상에 처벌보다 훨씬 더 도움이 된다. 그렇지만 안타깝게도 많은 부모들이 아이를 다룰 때 처벌에 거의 절대적으로 의존한다.

자신이 아이에게 지속적인 강화 인자 역할을 하는지 스스로 생각해보자. 그렇기는커녕 아이의 행동을 통제하기 위해 소리 지르고 때리지는 않는가? 자녀가 주의산만이나 품행불량이라면 아이에게 자주 벌을 주고 싶은 유혹이 더욱 클 것이다. 어려운 일인 줄은 알지만, 냉정해지려고 노력하자. 처벌에 의존하는 것은 길들기 쉬운 덫과 같다.

생각해보자. 처벌이 효과가 있는가? 처벌을 거듭할수록 주의산만이나 품행불량 아동이 좋아졌는가? 품행이 변화가 없거나 더 나빠졌는가? 당신이 아이에게 얼마나 자주, 얼마나 심하게 처벌을 하는지 생각해본 적 있는가?

처벌은 아무런 효과가 없다. 자녀 양육의 주된 방법이 부정적이라면 아이가 청소년이 되어 어느 정도 힘이 생기면 반항하고 부모에게서 멀리 떨어져 있고 싶어할 것이다. 처벌은 아이를 따뜻하고 다정한 사람으로 만드는 데는 별 도움이 되지 않을뿐더러 관계를 손상시킨다. 자주 처벌을 하면 부모와 자식 사이가 멀어진다.

처벌이
아이에게 끼치는 영향

처벌의 특징과 그 효과를 살펴보기 전에 용어를 명확히 정의하자. '처벌'이란 어떤 행동을 줄이기 위해 소리 지르거나 때리기 같은 고통스러운 자극을 주는 것이다. 그럼 처벌이 아이에게 어떤 영향을 끼치는지 살펴보자.

처벌은 단기적이며 일시적인 효과만 있을 뿐이다

약하거나 중간 수준의 처벌은 아이의 그릇된 행동을 순간적으로만 억누른다. 그러나 처벌을 멈추면 다시 그 행동을 시작한다. 즉시는 아니지만 다시 시작하게 된다. 상담을 하러 찾아온 부모들은 내게 이렇게 묻곤 한다. "애한테 소리치고 야단치고 때려도 돌아보면 또 그러고 있어요. 애한테 무슨 문제가 있는 걸까요?"

처벌은 억누르는 수단일 뿐이다. 새로운 행동을 가르치지는 않는다. 처벌을 그만두면 그 행동은 다시 나타난다. 강화는 새로운 행동을 가르친다. 강화는 동기부여를 하고 품행을 향상시킨다.

처벌도 습관이 된다

처벌을 하면 잘못된 행동을 빨리 억누를 수 있다. 이러한 즉각적인 효과 때문에 어른들은 처벌하기를 좋아한다. "조용히 해!"라고 소리 지를 때 아이가 순간 복종하면 어른은 소리 지르기를 습관적으로 써먹게 된다. 왜 그럴까? 소리 지르기와 즉각적인 효과의 상관성이 어른에게 소리 지르기를 강화하기 때문이다.

앞 장에서 설명한 강화의 요소 중 하나가 즉각성이었음을 상기해보자. 자신이 벌한 나쁜 행동을 아이가 다시 시작한다고 해도 처벌에 대한 의존성이 약해지지 않는다. 즉각적인 효과가 어른들의 처벌 습관을 강화할 뿐이다. 횟수가 거듭될수록 아이를 처벌하는 것에 익숙해지고 처벌이 자연스러워진다.

반면에 아이의 착한 행동을 강화하는 것은 효과를 보려면 시간이 좀 걸리지만 변화는 영구적이다. 강화 인자를 주는 것이 어색하고 부자연스러우며 불편할 수도 있지만 그것은 단지 익숙하지 않기 때문이다.

처벌은 부작용이 있다

심한 처벌을 계속하면 일부 표적 행동은 영구적으로 누를 수 있을지도 모른다. 그러나 심한 처벌은 부작용이 있고 상태를 사실상 더 악화한다.

지속적인 심한 처벌의 부작용 중 하나가 불안장애다. 아이가 초조해하고 긴장하면 부모가 원하는 대로 성장하기 어렵다. 부모는 아이가 적절한 행동을 배우길 바란다. 그러나 불안한 아이는 어떤 것도 잘 배우지 못한다. 긴장이 학습을 방해하기 때문이다. 정서가 불안정한 주의산만이나 품행불량 아동에게 올바른 행동을 가르치는 것은 어렵다. 부모들은 학습이 더딘 자녀에게 화가 나서 더 심하게 처벌한다. 긴장한 아이는 차분한 아이보다 더 많이 실수한다. 부모는 속상해서 더 벌을 준다. 악순환이다.

게다가 긴장한 아이는 정서불안증이 생기고 지나치게 들뜨는 경향이 있다. 이것이 우리가 제거하려는 증상이다. 주의력이 약한 아이들의 특징 중 하나가 불안해하고 가만히 앉아 있지 못하며 집중을 못하는 것이다.

이런 증상을 과잉행동 혹은 품행불량(HM)이라고 부른다. 부모의 처벌이 이 증상을 일으키는 주범이다. 이런 악순환을 반드시 멈춰야 한다. 아이에게 습관적으로 소리를 지르고 때려왔다면 지금 당장 멈춰라. 그러지 않으면 어떤 다른 방법을 쓴다 해도 소용이 없을 것이다. 부모라면 소리치지 않고 말하는 법을 배워라. 그리고 자연스러운 어조로 말하라.

처벌은 정서 불안을 일으킨다

아이가 심하게 벌을 받으면 정서적으로나 사회적으로 위축될 수 있다. 사람과 관계를 맺는 것이 고통스러운 일이라고 생각하기 때문이다. 잔인한 상황을 피하고 도망가기 위해 자기 방에 숨거나 거리를 배회할지도 모른다.

내 경험상 그런 고립되고 위축된 아이는 심한 문제에 연루될 수 있으며 공공기물 파손 같은 비행을 저지르거나 자살 시도를 하기 쉽다. 고통을 내면 깊숙이 침잠시키기 위해 마약이나 알코올에 중독되기도 쉽다.

조지프라는 아이가 있었다. 부모는 처벌이 아이를 키우는 법이라고 생각했다. 소리 지르기와 때리기가 일상다반사였다. 그들은 처벌과 행동의 한계를 명확히 설정하는 엄격함을 혼동하고 있었다.

아이가 청소년기를 거칠 때도 처벌은 계속되었다. 조지프는 말더듬이가 되었다. 매우 초조해하는 청년이 되었다. 조지프와 상담을 할 때 그 아이는 머리를 푹 숙인 채 눈을 마주치려 하지 않았다.

조지프는 대학에 가서 불안을 누그러뜨릴 방법을 찾았다. 알코올이었다. 곧 주당이 되었고, 사실 알코올중독자가 되었다. 조지프의 부모는 자신들의 교육 방식이 완전히 잘못됐음을 깨달았지만 이미 너무 늦었다.

지속적인 심한 처벌에 무관심까지 곁들이면 정서적으로 건전한 아이가 그 집안에서 나올 가능성은 매우 적다. 그런 환경에서는 아이가 지나치게 불안해하거나 매우 외로워할 가능성이 높다. 즉 정서적으로 피폐해지는 것이다.

처벌은 공격성을 키운다

아이들은 우리가 보여주는 행동을 모델 삼아 배운다. 부모가 때리고 소리 지르고 아이를 잡고 흔들면 아이는 속상한 감정을 공격적인 반응으로 표현하는 법을 배운다.

특히 심하게 벌을 받는 아이들은 내면이 분노와 적대감으로 가득 차 있기 때문에 더욱 공격적으로 변하기 쉽다. 아무에게나 제멋대로 마구 몰아세울 가능성이 있다. 자신의 깊은 분노를 잠시 억누르고 있을지라도 언젠가 폭발하여 자제심을 잃고 누군가를 다치게 할 수도 있다.

최근 나는 윌리엄과 상담했는데, 그의 아버지는 아들을 신체적·정신적으로 학대했다. 아버지와 상담하면서 열세 살 된 아들이 분노로 가득 차 있어서 아차 하면 반격할 것이라고 경고했다. 즉 나는 아이 아버지에게 아들이 위험한 상태라고 알려줬다. 그는 문제는 자신이 아니라 아들이라며 내가 고칠 사람은 자신이 아니라 아들이라고 되받아쳤다. 나는 조심스럽게 아버지의 행동이 아이에게 영향을 끼친다고 설명했으나 성공하지 못한 것 같다. 윌리엄 아버지는 다시 오지 않았다. 나는 내 예측이 빗나가길 간절히 바란다.

나는 종종 부모들이 자녀의 볼기짝을 때리거나 뺨을 갈기면서 "이딴 행동 어디서 배웠어? 누가 남을 때리라고 가르치든?"이라고 말하는 장면을 목격하곤 한다.

아이가 직접 공격적인 행동을 당해야만 공격성이 생기는 것은 아니다. 다른 가족이나 어떤 대상이 공격적인 행동을 당하는 걸 보면서 공격성이 생길 수도 있다.

내가 상담한 한 아버지는 차에 아이가 있는데도 자주 이성을 잃고 운

전석 계기판을 두드리고 소리를 지르고 욕을 했다. 그가 아이에게 무엇을 가르쳤을까?

가끔씩 열을 낼 수는 있다. 부모도 사람인지라 스트레스를 받아 과잉반응을 할 수 있다. 그것 때문에 죄책감을 느낄 필요는 없다. 그러나 자주 화를 내는 것은 아이에게 부적절한 본보기가 될 수 있다. 간단히 말해서, 공격적인 아이는 공격적인 집안에서 나온다.

처벌은 고통에 적응하게 한다

심한 처벌을 반복하면 아이는 차츰 심한 고통에 적응해간다. 아이를 통제하기 위해 부모는 해가 갈수록 더 크게 소리 지르고 더 세게 때린다. 그러면 아이는 점점 고통에 무감각해지고 참을성도 커진다.

아이가 설령 고통에 적응할지라도 부작용은 여전히 발생하고 감정은 아이 내부에 숨어 있다. 아이들은 심하게 벌을 주는 부모와 의사소통을 하려 하지 않는다.

심하게 벌을 받는 아이들은 남의 말을 무시하는 법을 배운다. 그리고 마치 머리가 비고 둔감하고, 깜빡깜빡하고 무감각한 아이처럼 행동한다. 상황 파악을 못하고 환상의 세계로 숨거나 머리 쓰기를 멈추고 전혀 생각을 안 할 수도 있다. 이런 식으로 주의산만이나 품행불량으로 발전할 가능성이 높다. 즉 심한 처벌과 무감각, 생각 없음이 아이의 주의산만증을 심화한다.

항상 벌을 주는 가정환경 때문에 아이가 위축되었다면 심리치료사는 부모에게 아이에게 자주 화를 내고 벌하는 것이 얼마나 해로운지 알려주어야 한다.

처벌은
부모에게도 악영향을 미친다

소리 지르고 때리는 것은 화난 감정을 표현하는 적절한 방식이 아니다. 카타르시스에 대해 이야기하는 사람들이 있다. 억눌린 감정을 방출하면서 느끼는 해방감이 긍정적인 영향을 끼칠 수도 있다고 옹호하는 것이다. 그러나 한번 분노와 공격성을 표출하면 더 크게 분노와 공격성을 표출하고 싶고 이것이 오래가면 화를 내는 것이 습관이 된다는 연구 결과가 꾸준히 나오고 있다.

부모는 일시적으로 억압된 감정을 풀어서 시원하겠지만 장기적으로 볼 때 정서적으로 건전한 방법이 아니며 아이와의 관계를 망칠 수 있다. 화를 잘 내는 사람은 심장마비에 걸리기 쉽다는 연구 결과도 있다. 당신의 분노가 당신을 다치게 한다. 이혼의 원인 중 가장 흔한 것이 배우자의 잦은 분노 표출이다.

상사에게 분노를 터뜨릴 수 있겠는가? 못할 것이다. 우리는 대체로 안전하다고 느끼는 상황에서만 화를 낸다. 보통은 집안이다. 우리가 그러는 이유는 아이나 배우자에게 화풀이를 하면 그 화가 사라질 거라고 생각하기 때문이다. 그러나 천만의 말씀. 화를 내면 또 화가 날 것이다.

화를 내는 것의 건전한 대안은 자신의 감정을 단호하게 표현하는 것이다. 아이에게 떼를 쓰지 말고 대신 이렇게 말하라고 가르쳐라.

"엄마(아빠), 나 엄마(아빠)에게 화났어요. 제 말을 들어주지 않으셔서요."

자신의 감정을 단호하고 절제된 모습으로 말하면 그 감정을 건설적으로 표출할 수 있다. 부모인 여러분들에게도 똑같이 권한다. 화를 자주 내는 편이라면 이런 이성적인 감정 표현법을 가르치는 책을 많이 읽어 도움을 받도록 하라.

처벌은 바람직하지 않은 행동을 강화할 수 있다

처벌은 아이의 바람직하지 않은 행동을 유지하게 하거나 오히려 증가시킬 수 있다. 아이에게 소리를 지르거나 매를 드는 부모가 사회적 강화 목록에 표시한 것을 살펴보자.

사회적 요소	강화	
	그렇다	아니다
부모가 주의를 기울이는가?	✓	
부모가 아이와 함께 시간을 보내는가?	✓	
부모가 아이와 대화를 하는가?	✓	
부모가 아이를 바라보는가?	✓	
부모가 아이의 말에 귀 기울이는가?		✓
부모가 아이와 자주 스킨십을 나누는가?	✓	
부모가 아이를 칭찬하는가?		✓
부모가 아이에게 반응을 보여주는가?	✓	

아이에게 소리를 지르거나 때릴 때 사회적 강화 요소 8개 중 6개가 행해졌다는 것에 주목하자. 우리가 처벌 비슷한 것을 할 때 사실상 그 아이

의 (처벌 대상이 되는) 행동이 강화되는 것이다.

"야단치고 매를 들어도 애가 또 그래요! 이 애에게 무슨 문제가 있는 걸까요?"라고 말하는 부모들 기억나는가? 문제는 그들이 자신이 원하지 않는 바로 그 행동을 강화하고 있다는 것이다. 많은 주의산만 및 품행불량 아동의 행동이 의도치 않게 이런 식으로 강화된다.

사실 아이들은 단지 관심을 받기 위해 삐뚤게 행동한다. 심지어 부정적이고 벌을 주려고 하는 관심일지라도 말이다. 아이들은 자신의 행동에 대한 관심이 부정적인지 아닌지 모른다. 이제 왜 아이의 문제행동이 반복되는지 알겠는가?

가장 효과적인 처벌은 무시하기다

사회적 자극을 ① 긍정적인 자극(+), ② 무자극(0), ③ 부정적인 자극(-) 이렇게 3가지로 나눌 수 있다.

연구에 따르면 어린이(어른도)는 무자극을 싫어한다. 무자극이란 아이가 포옹, 키스, 칭찬 같은 긍정적인 자극(강화)도 받지 않고, 소리 지르기나 때리기 같은 부정적인 자극(처벌)도 받지 않는 상태를 말한다. 이상한 일이지만 긍정적인 자극(강화)이 없으면 아이들은 무자극보다는 불쾌한 자극(처벌)을 찾는다.

무자극은 아이가 가장 피하고 싶은 상태다. 부모가 아이에게 긍정적으로 강화를 하지 않으면 아이는 자극을 받기 위해 어떻게 할까? 그렇다! 부정적인 관심, 즉 처벌이라도 받으려고 한다. 주의산만이나 품행불량 아동들의 문제행동 중 대부분은 부모의 관심을 받기 위해 하는 것이다. 강화가 없으면 아이는 관심을 얻기 위해 벌을 받으려고 한다.

아이들이 가장 싫어하는 것은 무자극임을 명심하라. 그리하여 심리학자들이 무자극에 기반한 훈육법을 개발했다. 무시하기, 타임아웃 신호 보내기, 강화 제거하기 등이 그것이다. 이 방법들은 효과가 뛰어날 뿐만 아니라 부작용이 없다.

이제 다음 장으로 넘어가 이런 훈육 방법을 구체적으로 살펴보자.

08

효과적이고 부작용이 없는 훈육법 1

무시하기

 앞 장에서 우리는 처벌이 주의산만 및 품행불량 아동에게 해로울 뿐만 아니라 주의산만 및 품행불량 행동을 강화한다는 것을 배웠다. 벌을 주지도 않고 약물을 먹이지도 않으면서 영구적인 변화를 신속히 이끌어내려면 효과적인 훈육이 필요하다. 앞 장에서 아이들이 강화도 처벌도 없는 무자극을 얼마나 싫어하는지도 설명했다. 이러한 정보를 바탕으로 심리학자들은 무자극에 기반한 훈육 기술을 개발했다. 이 훈육법들은 매우 효과적일 뿐만 아니라 처벌을 이용하는 전통적인 교육법과 달리 역효과도 없다.

3가지 훈육법을 소개한다. 무시하기, 타임아웃, 강화 제거다. 여기서는 무시하기를 다루고 주의산만 및 품행불량 아동을 위해 특별히 고안한 타임아웃 방법은 다음 장에서 설명할 것이다. 강화 제거는 그다음 장에서 설명한다. 강화 제거는 다른 것들보다 더 강력한 훈육 기술이다.

이 장에서는 우선 '훈육'에 대한 정의를 내리고 효과적으로 훈육하려면 어떤 기준이 필요한지 알아볼 것이다. 어떤 훈육은 의도치 않은 문제를 일으켜 주의산만 및 품행불량 아동을 도우려는 우리의 목적에 반하는 역효과를 가져올 수 있다. 그러므로 그런 의도치 않은 문제가 무엇이고 어떻게 피해야 하는지도 배울 것이다.

주의산만 및 품행불량 아동을 다루는 일반적인 절차

훈육에 대해 이야기하기 전에 주의산만 및 품행불량 아동을 다루는 일련의 과정을 강조하겠다. 우선 모든 긍정적인 행동을 적극적으로 강화해야 한다. 주의산만 및 품행불량 행동을 지속한다면 아이에게 그 행동을 하지 말아야 할 이유를 들어 납득시켜야 한다. 조용히 아이와 시간을 갖고 특정 표적 행동에 대해 걱정하고 있음을 알려라.

예를 들어 이렇게 말할 수 있다. "토미야, 엄마가 무슨 일을 하라고 시킬 때마다 네가 엄마 말을 무시하거나 화내고 말대꾸하는 거 알고 있니? 토미가 이성을 잃을 때도 있단다. 아들, 엄마한테 공손하게 말했으면 좋겠어. 네가 하는 말은 엄마가 신경 써서 들으려고 노력할게. 약속하마. 그러나 항상 네 말에 동의하겠다는 약속은 할 수 없어."

논리적으로 설득할 수 없다면 이제 훈육 기술을 사용할 때가 온 것이다. 이 장에서는 무시하기를 배운다. 가장 약한 훈육 방법인 무시하기는 잘못된 행동이 아주 사소할 때만 적용한다.

타임아웃은 가장 자주 쓰이고 효과적인 방법으로 아이를 설득하는 데 실패했거니 표적 행동이 무시하기로 해결할 수 없을 만큼 심할 때 쓴다. 부모 역할 훈련은 주의산만 및 품행불량 아동에게 특별히 초점을 맞추어 고안했다. 그 점을 감안해서 이 장을 읽어주기 바란다.

마지막으로 강화 제거(심리학 용어로는 '반응 비용'이라고 한다)는 고치기 매우 어려운 행동을 고치고자 할 때 사용한다. 예를 들어 거짓말이나 공격성 같은 표적 행동을 바로잡고자 할 때 사용한다.

효과적인 훈육의 기준

구체적인 훈육 방법을 설명하기 전에 훈육으로 실제로 효과를 보기 위해 필요한 요소들을 살펴보겠다.

훈육도 즉시성이 중요하다

훈육은 아이가 잘못을 저질렀을 때 즉각 해야 한다. 이러한 즉시성 원칙은 칭찬을 하는 강화법에도 적용되었음을 기억해두자. 아이가 잘못을 저지르자마자 훈육을 해서 잘못된 행동과 그 결과 사이의 연관성을 인식할 수 있게 해주어야 한다. 훈육이 늦어지면 아이가 연관성을 인식하기 힘들다. 다시 말해 아이는 적절한 행동과 훈육 사이의 연관성을 인식하지 못해 혼란스러워진다.

집 밖에서 행하는 잘못된 행동도 바로잡아야 한다. 할머니 댁이나 마트에서 아이를 창피하지 않고 훈육하는 법을 가르쳐주겠다. 예를 들어보자.

■ 캐빈 이야기

나는 아이들을 데리고 애들 할머니 댁을 방문했다. 애들 숙모가 조카 넷을 데리고 와 있었다. 우리 아들 케빈은 사촌동생에게 약간 거칠게 대했다. 아이를 창피하게 하고 싶지 않았지만 잘못된 행동을 고쳐주고 싶어서 조용히 불렀다. 나는 아이에게 귓속말로 이렇게 말했다. "잠깐 멈추고 할머니 방에 가 있으렴." 케빈은 10분간 그렇게 하고 다시 내게 와서 잘못했다고 속삭였다. 나는 어떻게 놀아야 하는지 물었고 아이가 올바르게 대답해서 다시 놀게 했다. 케빈은 집이 아니라 할머니 댁에서도 바르게 행동해야 한다는 것을 배웠다.

이런 방법으로 효과를 보려면 최대한 빨리 적절한 시점에 훈육해야 한다.

훈육도 일관성이 중요하다

부모가 아이의 품행과 태도가 빨리 좋아지는 것을 보고 싶다고 해서 훈육을 되는 대로 아무런 규칙도 없이 해서는 안 된다. 칭찬을 통해 강화를 할 때와 마찬가지로 훈육을 할 때도 일관성이 중요하다. 특히 주의산만 및 품행불량 아동은 다른 아이들보다 더욱더 일관성 있게 대해야 한다. 부모의 모순된 행동은 아이를 혼란스럽게 해서 무엇이 옳고 그른지 알 수 없게 만든다. 즉 아이가 생각을 올바르게 할 수 없다. 이는 주의산만 및 품행불량 아동의 특징이기도 하다. 예를 들어보자.

■ 마크 이야기

마크는 주의산만과 품행불량이 매우 심한 아이였다. 어머니는 다른 큰 잘못들은 그냥 지나치다가 밥 먹을 때 키득거리는 것 같은 사소한 잘못을 했을 때 크게 소리 질렀다. 아이의 부모는 상담소에서 교육을 받았지만 마크 엄마는 여전히 아이에게 모순적인 태도를 보여서 성과가 거의 없었다. 나는 마크 엄마에게 아이를 다루는 방법을 가르쳤다. 그 후 어머니는 일관성이 매우 높아졌고 마크도 드디어 눈에 띄게 변화했다.

주의산만이나 품행불량 아동을 변화시키려면 일관성을 지키기 위해 열심히 노력해야 한다. 그냥 아이를 상담사에게 일주일에 한 번씩 맡기고 좋은 결과를 기대한다면 일찌감치 꿈을 깨는 것이 좋다. 그런 식으로는 절대 효과를 볼 수 없다.

훈육은 아이가 긴장하지 않게, 수치스럽지 않게

훈육으로 아이를 긴장하게 하거나 불안하게 하면 안 된다. 체벌은 아이에게 긴장이나 불안감을 일으키므로 훈육에서 제외한다.

엉덩이 때리기, 매질, 뺨 때리기는 아이에게 수치심과 모욕감을 준다. 지금도 나는 어렸을 때 받은 그런 대우를 생각하면 수치스럽다. 주의산만이나 품행불량 아동은 자아 존중감이 낮은데 체벌로 수치감까지 주어서는 안 된다.

체벌과 마찬가지로 소리 지르는 것도 아이에게 해롭다. 자주 고함을 치면 부모와 자식 관계가 손상될 수 있다. 아이가 매우 긴장할 수도 있다. 어릴 때 아이에게 자주 고함을 치면 부모에게서 소리 지르는 것을 배워 아이가 10대가 되면 부모에게 똑같이 소리를 지를 것이다. 자주 고함을 치면 아이가 상대방의 말을 무시하는 법을 배우게 된다는 것도 기억하라. 특히 주의산만이나 품행불량 아동의 부모는 아이가 남의 말을 무시하는 습관을 들이지 않도록 조심해야 한다.

훈육으로 고치려 했던 행동이 오히려 강화되지 않도록 해야 한다

훈육을 할때는 되도록 개인적인 상호작용을 줄이는 것이 좋다. 우리가 부모들에게 훈육 기술을 가르치면서 훈육할 때 사용해도 된다고 허용한 유일한 문장은 "잠깐 멈추고 생각해(time out)!"이다. 그 밖의 다른 말이나 행동은 의도와는 달리 고치려고 했던 행동을 오히려 강화할 수 있다. 없애려고 했던 바로 그 행동을 오히려 사회적으로 강화하는 위험을 최소로 줄여야 한다.

착한 행동은
적극적으로 칭찬하라

어떤 훈육법을 쓰든 간에, 그 훈육법이 얼마나 효과적이든, 부모가 아이의 착한 행동을 칭찬하여 적극적으로 강화하지 않는 한 그 효과는 오래가지 못한다. 즉 아이가 올바르게 행동할 때 넘치도록 칭찬하고 사랑한다는 표현을 다정하게 아낌없이 자주 해야 한다.

요새는 많은 부부들이 풀타임으로 맞벌이를 하지만 시간을 내서 아이와 대화하고 놀아주어야 한다. 모든 아이들은 개인적인 관심을 받아야 한다. 그렇지 않으면 어떤 치료 프로그램도 효과가 없을 것이다. 강화가 충분하지 않으면 우리가 바라는 최종적인 목표를 달성할 수 없다. 그것은 예의바르게 행동하고 동기부여가 충분히 된 아이 만들기다. 그런 어린이는 사랑이 가득 찬 가정에서만 나올 수 있다.

무시하기는 가장 효과적인 훈육이다

나는 아이들에게 가장 가혹한 환경이 바로 아무런 자극이 없는 환경이라고 말했다. 무자극은 물질적이든 사회적이든 강화 인자가 거의 없고 처벌도 전혀 없는 상태다. 무자극은 아이의 주변 환경이 매우 지루하다는 것을 의미한다. 처벌은 효과가 없기 때문에 심리학자들은 무자극(즉 지루함)을 이용하여 효과적인 3가지 훈육법을 개발했다. 이 방법들은 앞서 소개한 단점이나 부작용 없이 최고의 결과를 가져온다(지루함이 처벌보다 더 효과적이라는 게 흥미롭지 않은가!).

무자극에 기반을 둔 이 3가지 방법은 무시하기, 타임아웃, 강화 제거다.

무시하기

무시하기는 사회적 강화를 제거하는 것이다. 이 방법은 부모가 평정심을 유지할 수 있을 정도의 매우 약한 표적 행동에만 유용하다. 평정심을 잃었을 때 무시하기를 사용하면 상황이 더 나빠질 수 있다. 그러므로 무시하기는 아주 약한 잘못에만 유용함을 명심해야 한다. '약한'이라는 말이 매우 주관적이긴 하지만 자연스럽게 무시할 수 있는 수준이라고 보면 된다. 무시할 수 없고 평정심이 깨지면 그 잘못된 행동은 약한 것이 아니다.

무시하기의 덫

그림 8-1은 무시하기 전과 무시하기 시작한 후의 행동 수준의 변화를 보여준다. 무시하기의 덫은 사회적·물질적 강화를 제거할 때나 타임아웃을 할 때도 적용할 수 있다. 한 단계 한 단계 나를 따라오면 그래프가 무엇을 의미하는지 분명하게 눈에 들어올 것이다. 각 단계에서 실수를 저지르면 덫에 빠져 아이의 행동을 더 악화시킬 수 있다.

'①표적 행동 습득'에 대한 설명부터 시작하자. 여러 해에 걸쳐 바른 행동과 잘못된 행동을 익히는 단계다. 많은 표적 행동들을 처음에는 천천히 익히다가 학습 속도가 올라가더니 학습 과정의 마지막 부분에서는 속

그림 8-1 ⋮⋮⋮ 표적 행동에 무시하기를 적용할 때 변화 양상

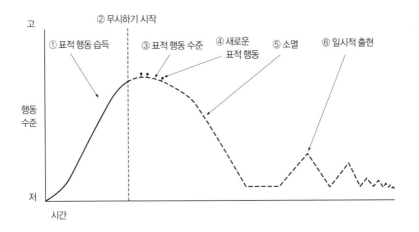

도가 떨어진다. 이것을 '학습곡선'이라고 한다.

■ 무시하기는 나쁜 행동을 더 악화하기도 한다

'②무시하기 시작' 아래 수직 점선은 무시하기를 시작한 시점을 표시한다. 그래프에서 보듯이 무시하기를 시작한 직후에는 표적 행동이 악화된다.

예를 들어 메리가 일부러 우는데 엄마가 그걸 무시하면 아이는 더욱더 큰소리로 울기 시작한다. 마트에서 장을 보는데 메리가 사탕을 사달라고 한다고 하자. "안 돼, 메리. 저녁 먹기 전에 사탕 먹으면 안 돼"라고 대답했다. 그랬더니 매리가 울기 시작한다. 아이를 외면하고 우는 것을 무시한다. 그다음은 뻔하다. 아이는 마트에 있는 사람들이 다 듣도록 큰 소리로 울기 시작한다. 포기하고 순간의 창피함을 피하고 싶은 유혹이 생기는가? 그렇게 하면 메리는 울음을 멈추겠지만 다음번에 엄마와 같이 쇼핑을 하러 가면 어떻게 해야 하는지를 학습한다. 바로 더 크게 울면 엄마가 사탕을 사준다고 배우는 것이다.

표적 행동의 또 다른 예시로 식탁 다리를 차거나 무얼 해달라고 조르는 것을 들어보자. 이런 행동이 심해지면 대부분의 부모들은 인내심을 잃고 아이에게 소리를 지르거나 때릴 것이다. 그러면 부모는 바라지 않았던 행동을 자기도 모르게 강화하고 만다. 아이는 잘못된 행동을 더 심하게 해서 부모의 관심을 끄는 법을 배우는 것이다.

이런 덫을 피하기 위해 부모는 '100퍼센트 원칙'을 세워야 한다. 무시할 때는 100퍼센트 무시해야 한다. 안 그러면 문제가 더 악화된다. 메리의 어머니는 아이에게 항복해서는 안 된다. 창피할지라도 메리가 울다가 지쳐서 멈출 때까지 내버려두어야 한다. 그러지 않으면 메리는 쇼핑할 때마다 사탕을 사달라고 더 큰 소리로 울 것이다.

조니가 가게 입구에 있는 장난감 뽑기 기계에서 장난감을 사달라고 조를 때 무시하면 아이는 계속해서 조를 것이다. 거기에 항복하면 아이는 자기 뜻을 관철하려면 막무가내로 졸라야 한다는 것을 배울 것이다. 빌리가 식탁 다리를 찰 때 무시하면 아이는 더 크게 찰 것이다. 그러면 부모는 마침내 화가 나서 아이에게 그만하라고 소리를 지를 수 있다. 그러면 결과적으로 관심을 얻기 위해서는 식탁을 더 세게 걷어차야 한다는 것을 아이에게 가르치는 꼴이 된다.

이러한 이유로 무시하기는 아주 약한 잘못에만 적용할 수 있다. 이 3가지 행동 중 하나라도 완전히 무시할 수 있겠는가? 무시할 수 없다면 더 강한 훈육법을 사용하는 것이 좋다.

■ 새로운 문제행동이 나타날 수 있다

부모가 아이의 표적 행동을 100퍼센트 무시하면 아이는 새로운 표적 행동을 시도한다(④ 새로운 표적 행동). 예를 들어 빌리는 일부러 물 잔을 엎지르거나 동생을 때리거나 꾀병을 부린다. 메리는 생떼를 부릴지도 모른다. 조니가 엄마를 찰 수도 있다. 이것이 두 번째 덫이다. 부모는 또 인내심을 잃고 소리를 지르거나 매를 든다. 그 결과 새로운 문제행동이 강화된다. 결국 표적 행동의 수가 늘어난다.

이 딜레마를 해결하기 위해서는 가벼운 잘못에는 100퍼센트 무시하기 원칙을 고수하고 심한 잘못에는 더 강한 훈육법을 써야 한다.

■ 문제의 표적 행동은 다시 나타날 수 있다

부모가 자신의 화를 통제할 수 있으면 최초의 표적 행동은 사라지기 시작할 것이다(⑤ 소멸). 하지만 아직 안도의 한숨을 쉴 때가 아니다! 문제가 완전히 해결되지 않았다. 문제행동이 며칠간 혹은 몇 주 동안은 사라질 수 있다. 그러나 갑자기 다시 나타날 수 있다. 정도는 약할지라도 그래프의 ⑥번처럼 다시 나타날 수 있다(표적 행동의 일시적 출현). 부모가 문제가 해결되있다고 생각하고 다시 화를 내고 소리를 지르고 매질을 하면 표적 행동은 은연중에 강화되고 아이의 상태는 처음으로 돌아간다.

설상가상으로 그 행동은 내성이 생기기까지 한다. 즉 아이는 자기가 원하는 대로 하기 위해 참고 기다리는 법까지 배우게 된다. 메리가 마트에서 또 울기 시작하고 조니가 다시 조르려고 하며 빌리가 다시 식탁 다리를 차는 날이 돌아올 것이다. 부모가 져주면 아이들은 부모가 항복할 때까지 꾸준히 표적 행동을 지속하는 법을 배운다. 이 덫이 주는 교훈은 부모의 비일관성은 아이의 못된 행동의 일관성을 키운다는 것이다.

이런 덫에 걸리기가 쉽다. 강화를 주고 싶은 유혹을 피하려면 다시 한번 100퍼센트 원칙을 따라야 한다. 완전히 무시하라. 그러면 표적 행동이 마침내 ⑥번 이후처럼 완벽히 사라질 것이다.

여러분도 알다시피 무시하기는 효과가 매우 더디게 나타난다. 무한한 인내심이 필요하며 주의를 끌기 위해서 하는 나쁜 행동을 고칠 때만 효과가 있다.

표적 행동이 관심을 끌기 위한 것이 아니라 비디오게임처럼 자기만족을 위한 것이라면 무시하기는 효과가 없다. 표적 행동을 다룰 때 인내심을 발휘할 수 없다면 무시하기를 사용하지 마라.

무시하기를 할 때는 모든 강화를 제거해야 한다

무시하기로 효과를 거두려면 다른 사람들이 강화를 주지 않아야 한다. 예를 들어, 아이의 행동을 무시하고 있는데 아이의 형제들이 함께 웃으면서 놀거나 아이의 아빠가 말을 걸어주면 무시하기는 효과가 없다.

잘못된 행동은 무시하되, 올바른 행동은 적극적으로 강화하라

아이가 올바르게 반응할 때는 적극적이고 의도적으로 강화해주어야 무시하기로 효과를 볼 수 있다. 잘못된 행동은 무시하는 동시에 올바른 행동은 강화하는 것을 차별 강화라고 한다. 아이가 올바르게 행동할 때는 긍정적인 관심을 보이고 잘못된 행동을 할 때는 그 행동을 무시하라.

■ 강화의 예

메리의 어머니는 마트에서 장을 보기 전에 메리에게 몸을 숙이고 안아주면서 이렇게 말하면 된다. "우리 딸 착하다. 사탕 달라고 떼쓰지 않았어. 오늘 저녁에는 저녁 먹고 케이크 한 조각을 더 먹어도 돼."

장난감 가게를 지나칠 때 조니의 아버지는 조니에게 이렇게 말하면 된다. "아들아, 장난감 사달라고 조르지 않았구나. 저 장난감이 얼마나 비싼지 지난번에 아빠가 말한 거 기억하네. 우리 아들 자랑스럽다."

빌리의 부모는 빌리에게 "오늘 밤 밥상에게 참 착하게 구는구나. 얌전하기도 하지. 우리 아들 그러는 거 보니까 기쁘다"라고 말하면 된다.

모든 강화 기술의 덫

앞서 말한 무시하기의 덫이 다른 두 가지 훈육에서도 나타날 수 있다. 그러므로 이 덫에 걸리지 않으려면 훈육 방법을 정확하게 써야 한다. 무시하기가 가장 약한 잘못에만 효과가 있을지라도 무시하기를 했을 때 어떤 행동이 잘못된 행동인지를 알면 다른 훈육법을 쓸 때 도움이 된다.

보통 주의가 산만한 아동은 얌전히 행동하고 잘못된 행동을 한다 해도 사소한 잘못일 때가 많다. 그러나 품행불량 아동은 그렇지 않다. 품행불량 아동에게는 무시하기를 쓰지 않는 것이 상책이다. 품행불량 행동을 단호히 통제하려면 더 강력한 방법을 써야 한다.

다음 장에서는 주의산만 및 품행불량 아동을 위한 타임아웃 규칙을 알아보겠다. 제시한 방법을 잘 따르면 아이는 빠르게 변하고 부모는 안도의 한숨을 쉬게 될 것이다. 왜냐면 리탈린과 같은 약물을 쓰지 않아도 되니까.

09

효과적이고 부작용이 없는 훈육법 2

타임아웃

타임아웃(time out, 잠깐 멈추고 생각하기)은 매우 유명하고 여러 책에서도 소개한 바 있다. 그래서 "그게 무슨 새로운 방법이냐?"고 묻는 독자가 있을지도 모른다. 그러나 엄청 새롭다! 이 장에서는 타임아웃을 강력하게 적용하는 방법을 배운다.

이 장에서 배울 타임아웃 방법은 특별히 주의산만 및 품행불량 아동이 생각하는 법을 배우도록 고안한 것이다. 즉 이 아이들이 자신의 행동이 가져올 결과를 항상 기억하도록 가르치는 방법을 소개한다.

기존의 타임아웃 방법은 주의산만 및 품행불량 아동에게 효과가 없다. 여러분도 알 것이다. 여기서 가르치는 대로 따라 하면 눈부시게 발전한 아이의 모습을 보게 될 것이다.

타임아웃은
인지 요소를 키운다

"타임아웃(잠깐 멈추고 생각해보자)"을 외치면 잘못된 행동을 하고 있는 아이에게서 모든 물질적·사회적 강화와 부정적인 시선이 전부 다 사라진다. 다시 말해 타임아웃 상태에서는 아이는 자극이 제로이거나 제로에 가까운 상황에 놓인다. 즉 매우 지루해진다. 아이들은 맞는 것보다 '타임아웃'을 더 싫어한다.

성인이 된 내 딸 헤이디는 나에게 옛날을 추억하면서 "아빠, 전 어렸을 때 타임아웃을 싫어했어요. 타임아웃을 하느니 차라리 맞았으면 좋겠다고 생각했어요"라고 말했다. "그게 아빠가 노렸던 거야"라고 나는 대답했고 우리는 함께 웃었다. 타임아웃은 내가 아는 가장 효과적인 훈육법이고 처벌과는 달리 단점이 없다. 신체적 접촉이나 통증, 적응 효과, 불안이나 긴장과 같은 부작용도 없다.

우리의 목표는 아이에게 무엇이 옳고 그른지 생각할 수 있는 판단력을 키워주고 항상 자신이 하는 일에 집중하고 어떤 행동을 해야 하는지 생각하게 하는 것이다. 타임아웃을 쓰는 이유는 행동을 통제하는 데 도움이 될 뿐만 아니라 '생각하기'와 '집중하기'라는 인지 요소를 키울 수 있기 때문이다.

타임아웃은 세 살부터 시작할 수 있다. 나는 더 어린 애들에게도 이 방법을 썼다. 여기서는 가정에서 타임아웃을 올바르게 사용하는 법을 설명한다. 타임아웃을 시행하는 무수히 많은 방법이 있지만 여기에서 제시하는 방법은 주의산만 및 품행불량 아동을 위해 특별히 고안한 방법이다.

주의산만 및 품행불량 아동을 위한
타임아웃 요령

다음 규칙은 주의산만 및 품행불량 아동이 자신의 문제행동에 대해 생각해보도록 가르치기 위해 고안했다. 아이의 행동에 문제가 클수록 부모는 더욱 신중해야 한다. 그래야 특정 표적 행동을 제어할 수 있다. 아이를 통제하면 타임아웃을 사용할 필요는 줄어들고 아이와의 의사소통은 한결 더 부드럽고 긍정적으로 변할 것이다. 또 아이를 어디든지 데리고 다녀도 아이가 예의바르게 행동해서 마음이 편안해질 것이다.

문제행동의 조짐만 보여도 타임아웃을 하라

문제가 될 만한 모든 표적 행동을 파악해야 한다. 부모 역할 훈련이 성공을 거두려면 종합적으로 접근해야 한다. 그리고 표적 행동의 조짐만 보여도 단호히 타임아웃을 해야 한다.

예를 들어 조니에게 장난감을 치우라고 했는데 아이가 장난감을 두고 다른 데로 가려고 하면 "잠깐 멈춰!"라고 말한다. 조앤이 말대꾸를 하고 화난 눈빛으로 당신을 뚫어지게 바라보면 즉시 "잠깐 멈춰!"라고 말한다.

지나치게 엄격한 것처럼 보일 수도 있으나 주의산만 및 품행불량 아동을 위해 개발된 부모 역할 훈련에서는 관대함을 허락하지 않는다. 이 아이들이 조심성 있게 행동해야 하고 조금의 실수도 하지 말아야 한다는 것을 배우도록 고안한 프로그램이기 때문이다. 이렇게 하는 것이 아이들에게 리탈린과 같은 각성제를 먹이는 것보다 훨씬 낫다. 이 강도 높은 프로그램을 4~5개월 한 후 아이의 행동이 잘 통제되면 조금 느슨하게 해도 괜찮다. 하지만 표적 행동이 다시 시작되면 또 4개월간 바짝 죄어라.

부모 역할 훈련의 가장 큰 특징은 아이가 자제심을 잃기 전에, 즉 표적 행동의 조짐을 보일 때부터 훈육에 들어간다는 것이다.

타임아웃에 필요한 적절한 환경을 갖춰라

타임아웃에 필요한 환경을 갖추는 것은 매우 중요하다. 크고 편안하고 쿠션이 빵빵한 의자를 창문에 멀찌감치 떨어진 곳에 배치하라. 아이들은 상상력이 풍부하고 가상 놀이를 할 수 있기 때문에 창문 밖을 바라보면 자극을 받고 따라서 표적 행동이 강화된다.

의자를 벽과 마주보게 돌려놓는 것은 좋지 않다. 그렇게 하면 아이가 타임아웃을 하는 도중에 수치심을 느끼기 때문이다. 또한 의자를 사람들이 아이를 잘 볼 수 있는 곳에도 두지 마라. 이 또한 아이가 자존심에 상처를 입거나 수치심을 느끼게 할 수 있다.

어떤 아버지는 벽에 점을 찍고 아이에게 타임아웃을 하는 동안에 그점에 코를 갖다 댄 채 서 있으라고 했다. 점을 찍은 곳이 아이의 키보다 높았기 때문에 까치발을 들어야 했고 그래서 아이는 타임아웃을 할 때마다 다리가 저렸다. 이런 처사는 모욕적이며 학대다. 그 아버지가 한 일을 알게 된 나는 화가 나서 당장 그 짓을 그만두지 않으면 당국에 신고하겠다고 으박질렀다. 훈육은 절대 아이를 창피하게 하거나 모욕하거나 고문하는 것이 아니다. 이런 맥락에서 타임아웃을 할 때는 딱딱한 나무 의자를 사용하지 말아야 한다.

타임아웃용 의자는 밝은 곳에 두어라. 어두우면 어떤 아이들은 공상을 하곤 한다. 그래서 어두운 곳에 의자를 두면 표적 행동이 강화될 수 있다. 어떤 아이들은 어둠을 무서워하고 어떤 아이들은 어두우면 존다. 아이들이 잠들어버리면 훈육은 끝난 것이다.

또한 의자는 식구들이 가끔 지나다니는 곳에 두는 것이 좋다. 그래야 아이가 잘 있는지, 자리를 뜨거나 노는 등의 부적절한 행동을 하고 있는지를 확인할 수 있다.

그렇지만 사람들이 너무 자주 드나드는 곳에 두는 것은 좋지 않다. 그러면 너무 많은 자극을 주게 되어 그것이 아이를 즐겁게 하고 오히려 나쁜 행동을 강화하는 꼴이 될 수 있다. 그렇다고 감시할 수 없는 외딴 곳에 두면 아이들이 딴짓을 하다가 부모가 오는 소리만 들으면 재빨리 자세를 바로 하고 얌전히 있는 척할 수 있다. 그러면 아이가 자신이 무엇을 잘못했는지 생각할 수 없다.

아이 방에는 타임아웃을 방해하는 요소가 너무 많다. 표적 행동을 강화하거나 공상 놀이를 하도록 자극할 수도 있다. 모든 방해 요소 및 강화 인자를 제거해야 타임아웃이 효과가 있다.

타임아웃용 의자를 두기에 가장 좋은 장소는 거실이다. 거실이 없는 집이라도 적당한 장소가 분명 있을 것이다. 주의해야 할 점은 의자를 두는 곳의 주변이 최대한 지루해야 한다는 것이다. 그 의자에 앉아서 아이의 입장이 되어 생각해보자. 뭐가 재미나게 할까? 그걸 치워라!

욕실을 타임아웃용 장소로 이용하지 말아야 한다. 욕실은 놀기에 딱 좋은 장소이며 위험하기도 하다.

타임아웃용 의자 근처에 있는 장난감을 모두 치워라

타임아웃을 할 때 강화 인자가 있으면 타임아웃의 효과가 없다. 여기서 강화 인자란 아이가 갖고 놀 수 있는 모든 물건이다. 의자 근처에서 아이가 가지고 놀 수 있을 만한 것들을 모조리 치워라. 컵받침이나 재떨이는 비행접시가 될 수 있고, 종이로는 비행기를 접을 수 있으며, 펜으로는 로켓 놀이를 할 수 있다. 나는 아들에게 타임아웃을 시킬 때 호주머니를 깨끗이 비우게 해서 놀잇감을 없앴다.

텔레비전도 강화 인자다. 일곱 살 된 에릭의 사례가 생각난다. 그 아이에게는 타임아웃이 효과가 없었다. 부모가 타임아웃용 의자에 앉아 아들의 입장이 되어보니 왼쪽으로 몸을 기울이면 복도 끝에 있는 텔레비전을 볼 수 있다는 사실을 알게 되었다. 의자를 오른쪽으로 약간 옮겼더니 문제가 쉽게 해결되었다.

타임아웃은 언제 어디서든지 사용할 수 있다

타임아웃은 어떤 환경, 어떤 상황에서든지 사용할 수 있다. 아이가 집 밖에서도 예의바르게 행동하기를 원한다면 반드시 그렇게 해야 한다. 아이가 집에서만 훈육을 받으면 아이는 집에서만 얌전히 있으면 된다고 생각한다. 부모들은 아이를 교회, 쇼핑, 식당 등 집 밖 이곳저곳에 데려가며 그때 아이들이 남에게 방해가 되지 않기를 바란다.

집 밖에서 타임아웃을 하려면 쇼핑몰의 벤치나 식당의 빈 테이블, 마트의 한쪽 구석 등 편안한 장소를 정하고 아이에게 가까이 오라고 한다. 그러곤 단호하게 귀엣말로 타임아웃을 하겠다고 말하라. 다른 사람들이 알아채지 못하도록 하라. 아이를 창피하게 하면 아이의 잘못을 금방 바로 잡을 수는 있겠지만 아이에게 심리적·정서적 상처를 줄 수 있다. 적당한 장소가 보이지 않으면 차로 데려가 뒷좌석에 앉힌다. 단 너무 덥거나 날씨가 나쁠 때는 피한다. 안전을 위해 아이를 항상 바라볼 수 있는 곳으로 정하라.

타임아웃을 하기에 적절한 시간을 정해야 한다

아이가 시간감각을 잃게 하고 싶다면 타임아웃용 의자에서 보이는 시계를 모두 찾아내 치우면 된다. 시간이 얼마나 지났는지 확인할 수 없는 상황에서 잠시라도 의자에 앉아 있어보면 그 시간이 영원처럼 느껴진다. 믿지 못하겠으면 의자에 10분간 앉아보라. 손목시계를 보지 말고 다른 어른이 시간을 재도록 하라. 그 10분이 인생에서 가장 긴 10분처럼 느껴질 것이다. 일곱, 여덟 살 먹은 원기 충만한 아이들은 어떨지 생각해보라.

시간을 잴 때는 조심해야 한다. 전화가 울리거나 예상치 못한 방문객이 찾아와 주의를 흩뜨려놓아 아이가 타임아웃용 의자에 있음을 잊어버릴 수도 있다. 어떤 부모들은 의도치 않게 아이를 그 의자에 서너 시간이나 앉혀놓았다고 내게 털어놓기도 했다. 솔직히 나도 그런 적이 몇 번 있다. 어떤 교사는 반항하는 학생을 아침 9시에 학교의 타임아웃 방으로 보냈는데 오후 2시에야 그 학생이 거기에 있는 게 생각났다. 서둘러 그 방으로 달려가 문을 열어젖혔더니 아이가 불신의 눈초리로 교사를 쳐다보았다.

타이머를 구하라. 알람 소리가 어른은 들을 수 있으나 의자에 있는 아이는 들을 수 없을 정도여야 한다. 아이가 알람 소리를 들으면 부모나 교사가 언제 올 줄 알 수 있어 부적절한 행동을 하다가 안 한 척할 수 있기 때문이다. 아이는 타임아웃 시간이 끝났을 때뿐만 아니라 의자에 있는 내내 자숙해야 한다.

타임아웃을 하는 시간은 어느 정도가 적당할까? 연구자마다 의견이 다양하지만 나는 내 경험에 기초하여 다음과 같이 제안한다.

연령	최소 시간
3~4세	3분
4~5세	5분
5~11세	10분

이것은 최소 시간임을 명심하라. 더 일찍 끝내지는 마라.

타임아웃을 하는 최대 시간도 정해야 할까? 이상적으로는 올바르게 행동할 때까지 그 의자에 있어야 한다. 완전히 얌전해져서 의자에 바른 자세로 앉아 있을 때까지 걸리는 시간이 최대 시간이 되어야 한다. 하지만 위에서 제시한 최소 시간에 완벽히 올바른 모습을 보이면 타임아웃을 끝내도 좋다.

아이가 의자에 앉아 징징대거나 빌거나 걷어차거나 허밍을 하거나 휘파람을 불면 얌전히 행동할 때까지 타임아웃을 해야 한다. 아이가 의자에서 슬금슬금 미끄러지면서 엉덩이를 의자에서 떼거나 일어선 것도 자리를 뜬 것과 같다. 그러면 타임아웃을 끝낼 수 없다.

아이가 타임아웃을 하는 동안에 부적절하게 행동했다면 시간이 다 되어도 버릇없이 구는 동안에는 의자에 계속 앉혀두어라. 대신 아이가 제대로 앉아서 얌전히 있으면 침묵의 시간 1분을 더 재고 풀어줘라. 예를 들어, 17분 동안 버릇없이 행동하다가 마침내 조용히 앉아 있으면 1분 지나서 풀어준다. 부모가 이 원칙을 정확히 따르는 것이 주의산만 및 품행불량 아동에게 매우 중요하다.

나의 상담 기록에 따르면 5~11세 아동이 타임아웃을 시행한 첫날 의자에 앉아 있는 평균 시간은 19~20분이다. 그렇지만 사흘 내에 거의 모든 아이들이 최소 시간 내에 행동을 바르게 한다. 타임아웃이 첫날 4시간까지 간 사례가 4번 있었는데 모두 심한 주의산만 및 품행불량 아동이었다. 부모가 과거에 아이에게 매우 모순적으로 대한 탓에 아이가 부모의 한계를 시험한 것이다.

타임아웃을 하는 동안에는 아이에게 말 걸지 마라

아이가 타임아웃을 하는 동안에는 절대 말을 걸지 마라. "뚝 하면 내보내줄게" 같은 말을 하지 마라. 타임아웃을 하는 동안 무슨 말을 하든 그 표적 행동이 강화될 것이다. 어떤 말이든 성과를 얻는 데 걸리는 시간을 지연시킬 뿐이다.

아이와 무슨 말을 하고 싶으면 아이가 조용해질 때까지 기다려라. 이 책에서 제시하는 방법은 아이의 행동과 부모의 기대에 대한 부모와 자식 간의 대화를 막거나 방해하지 않는다. 그러나 아이가 타임아웃을 할 때는 하지 말고 품행을 바르게 할 때 대화하라.

절대 물리적으로 타임아웃을 강요하지 마라

아이가 타임아웃을 거부하는 때를 제외하고는 물리적으로 타임아웃을 강요하거나 타임아웃을 끝내는 것을 피하라. 타임아웃의 시작과 끝은

말로만 지시한다. 아이를 힘으로 억눌러 억지로 의자에 앉히면 없애고 싶은 그 표적 행동이 강화될 수 있다.

아이가 타임아웃을 거부하면 더 엄격한 방법을 써야 한다. 그러나 그 방법이 엉덩이 때리기는 아니다. 아이가 계속 저항한다면 이렇게 하라. 아이의 방에 있는 모든 강화 물건을 치워라. 상당히 번거로운 일이지만 꼭 필요하다. 밖에서 아이의 방문을 잠가라. 아이의 안전을 확인할 수 있게 한쪽에서만 볼 수 있는 들여다보기 구멍을 뚫어라. 이제 아이의 선택은 둘 중 하나다. 타임아웃용 의자에 가서 앉거나 자기 방에 들어가거나. 의자에 앉기를 거부하면 물리적으로 아이를 방에 데려다놓고 문을 잠그고 아이가 의자에 있을 때 해야 할 일을 똑같이 하게 하라.

끔찍하다고 생각하는 독자들이 있을 것이다. 그러나 부모는 아이에게 누가 대장인지 명확히 가르쳐줘야 한다. 그리고 주의산만이나 품행불량 증상을 지속시키고 아이에게 리탈린과 같은 약을 먹이는 것이 더 끔찍한 일이다. 대개는 방에 혼자 두겠다고 으르면 아이는 의자를 선택한다.

아이가 방에 갇혔을 때 미쳐 날뛰고 생떼를 부릴 수 있다. 절대 동요하지 말아야 한다. 실제로 그런 일이 있었다고 말하는 부모들이 있는데, 제대로 실행하기만 한다면 아이가 며칠 안에 발광 증세를 멈추고 바로 의자로 갈 것이다.

"화장실 가고 싶어요"라는 말에 대처하는 법

아이에게 타임아웃을 시켰는데 화장실에 가고 싶다고 하면 어떻게 할까? 아이가 다섯 살 미만이면 화장실에 갔다 오게 한 후 다시 타임아웃을 시켜라. 아이가 다섯 살이 넘었다면 잠을 자는 여덟 시간 동안에도 용변을 참을 수 있으니 타임아웃을 하는 10분 동안은 충분히 참을 수 있다. 아이가 다섯 살이 넘었는데 타임아웃을 하는 동안 실수를 하면 그것을 치워야 한다. 다 치웠으면 다시 10분을 잰다. 그러면 더 이상 용변 실수는 하지 않을 것이다.

아이에게 자신이 한 잘못을 기억하게 하라

타임아웃이 끝나면 무엇을 잘못했는지 묻는다. "왜 타임아웃을 했지?"라고 물어라. 기억하기는 아이들 몫이다. 기억하기는 특히 주의산만이나 품행불량 아동에게 중요하다. 아이에게 잘못을 상기시켜주지 말고 스스로 기억해내도록 하라. 아이가 본인이 무슨 잘못을 했는지 대답하면 어떻게 해야 하는지를 지시한다. 즉각 순응하지 않으면 다시 타임아웃을 시키고 처음부터 다시 시간을 잰다.

자신이 무엇을 잘못했는지 대답을 하지 못할 때도 다시 타임아웃을 시킨다. 시간도 처음부터 다시 잰다. 아이들이 나왔을 때 다시 "왜 타임아웃을 했지?"라고 묻는다. 두 번째 타임아웃을 할 때는 아이들의 기억력이 얼마나 빨리 살아나는지 놀라게 될 것이다. 부모 역할 훈련에서 가장 중요한 점은 아이에게 생각하는 법, 즉 무엇을 잘못했는지 기억하는 법을 가르치는 것이다.

나는 자신이 무엇을 잘못했는지 기억나지 않는 척 연기하는 영화배우 뺨치는 아이들을 많이 봤다. 현혹되지 마라. 그 아이들 앞에서 엄격해져라. 주의산만 및 품행불량 아동을 훈련시킬 때 엄격함은 필수다.

내가 상담한 부모 중에 딸을 무성영화 시대의 여배우인 테다 바라(딸의 실제 이름은 멜라니였다)라고 부르는 부모가 있었다. 아이의 부모는 타임아웃이 끝난 후 무엇을 잘못했느냐고 물으면 아이가 얼굴을 구기며 복잡한 심사를 표현하고 혼란스럽다는 듯한 표정을 짓는다고 했다. 그러나 다시 타임아웃을 시키면 아이는 본인이 무엇을 잘못했는지 분명히 말했다. 일주일 안에 아이는 첫 타임아웃이 끝난 후 바로 대답할 수 있게 되었다. 이러한 과정을 보고 딸 아버지는 "어떻게 이 장난꾸러기가 자기가 한 일을 다 알고 있을까"라고 말했다.

하지만 타임아웃을 3번 이상은 하지 마라. 3번을 해도 대답하지 못하면 정말 자신이 무얼 잘못했는지 모르는 것이다. 어떤 잘못을 했는지 분명히 알려주고 앞으로 행동을 바르게 하라고 지시하라.

나는 서너 살짜리에게는 덜 엄격하다. 대답을 못하면 알려줘도 괜찮다. 그러나 네 살이 넘으면 자신이 무슨 잘못을 해서 타임아웃용 의자로 가야 했는지를 기억해야 할 책임이 있다. 기억하기 위해서는 생각해야 한다. 뇌세포를 활성화해야 한다. 아이가 자신이 무슨 일을 했는지 기억하도록 가르쳐서 아이가 그것을 기억해내는 것을 보면 주의력결핍 과잉행동장애가 병이고 리탈린과 같은 약이 필요하다는 이론을 더 이상 믿지 않을 것이다. 대신 매우 적극적인 훈육을 하면 아이가 적절하게 동기를 부여받고 올바르게 행동한다는 것을 알게 될 것이다.

타임아웃을 하는 동안 아이가 잘못된 행동을 했다면?

타임아웃을 하는 동안 아이가 발을 구르거나 의자를 차거나 못된 말을 쏟아내면 어떻게 해야 할까? 시간이 다 되면 처음에는 왜 타임아웃을 해야 했는지를 물어라. 대답을 옳게 했으면 두 번째 질문을 한다. "타임아웃을 하는 동안에 왜 그런 식으로 행동했지?"라고 묻는다. 보통은 아이가 죄책감을 느끼는 표정을 지을 것이다. 다시 타임아웃을 한 번 더 하도록 한다. 그런 다음 "왜 타임아웃을 두 번 해야 했지?"라고 묻는다. 아이는 다시 자신이 무엇을 잘못했는지 말하고 행동을 고친다.

옳은 행동은 반드시 칭찬하여 강화해야 한다

부모가 옳은 행동을 강화하지 않으면 그 어떤 훈육법도 효과가 없다. 타임아웃은 부적절한 행동을 줄일 수는 있지만 새로운 옳은 행동을 가르치지는 않는다. 강화, 특히 사회적 강화로 아이에게 올바르고 적절한 행동을 가르칠 수 있다.

나는 타임아웃에 한 가지를 더 추가했다. 애들이 타임아웃이 끝나고 내게 와서 무엇을 잘못했는지 말하면 나는 이렇게 말한다. "이제 아빠한 테 뽀뽀하고 원래 해야 하는 대로 하렴." 아이들이 자기가 잘못했다고 해서 부모가 자신을 사랑하지 않을 거라는 생각을 하지 않게 하려고 이렇게 말하는 것이다.

일관되게 엄격하라 – 아이가 당신을 시험하게 하지 마라

모든 부적절한 행동과 부적절한 반응의 낌새까지 타임아웃의 대상이 된다. 어떤 행동에는 타임아웃을 하고 어떤 행동에는 타임아웃을 하지 않으면 일관성이 없어진다. 일관성 있게 모든 표적 행동에 타임아웃을 적용해야 한다. 모순된 훈육은 주의산만 및 품행불량 아동을 혼란스럽게 한다. '의심할 여지가 있으면 타임아웃을 이용하라'가 원칙이다. 이것이 바로 주의산만 및 품행불량 아동을 다루기 위한 부모 역할 훈련의 가장 큰 특징 중 하나다.

아이들이 어른을 시험할 수도 있다. 타임아웃을 일관성 있게 사용하지 않으면 아이들은 당신의 한계를 끊임없이 시험하려 들 것이다. 이것이 주의산만 및 품행불량 아동의 특징이다. 이 아이들은 유능한 시험관이다. 다루기 힘든 행동을 허용하면 아이는 혼란스러워하고 자신의 행동에 선을 긋는 법을 배우지 못할 것이다. 그리고 아이를 통제하는 일이 더 오래 걸릴 것이다. 훈육 강도와 기간이 늘어날 것이다.

일관성을 지키지 않고 주저하면 아이에게 아무런 도움을 주지 못한다.

아이와 협상하지 마라

아이와 협상하지 마라. 타임아웃을 했으면 아이가 즉시 따르도록 해야 한다. "알겠어요, 엄마, 장난감 치울 게요"라고 말하며 용서를 빌어도 들어주지 말고 물러서지 마라. 부모가 항복하면 자식들은 한계를 시험해 볼 것이다. 어느 정도까지 부모가 봐줄 수 있는지 얼마나 더 잘못된 행동을 할 수 있는지 시험할 것이다. 좋은 결과를 빨리 얻을수록 아이와의 대화가 더 빨리 긍정적으로 변하고, 부모 자식 관계가 다정해질 것이며, 아이는 더 행복해질 것이다.

훈육할 때 아이의 간청을 들어주지 않는 것이 아이에게 가장 친절한 방법이다. 협상은 부모가 저지르는 가장 큰 실수 중 하나다. 주의산만 및 품행불량 아동이 부모와 협상하는 법을 배우면 미리 생각하고 행동할 필요가 없다고 여기게 된다.

아이가 적절하게 행동하도록 하면 아이는 삼각형(101쪽 그림 5-1 참조)의 긍정적인 쪽으로 움직일 것이고 그토록 원하던 칭찬을 받는다. 마음이 약해지면 주의가 산만하고 품행이 불량한 아동을 도울 수 없다.

심리학과 정신의학 이론 때문에 오랫동안 어른들은 아이를 엄격하게 대하는 것을 꺼렸다. 아이에게 심리적인 상처를 줄까 봐 두려워했다. 그러나 엄격한 것이 가혹한 것은 아니다. 일단 잘못된 행동을 통제할 수 있게 되면 얼마든지 아이와 다정하게 교감할 수 있다.

주의산만 및 품행불량 아동에게 필요한 것은 엄격한 부모다. 아이와 협상하는 것은 엄격한 것이 아니다. 협상은 표적 행동을 영구화시킬 뿐만 아니라 아이에게 아무런 도움을 주지 못한다.

엄마와 아빠가 모두 일관된 태도를 보여야 한다

아이가 잘못된 행동을 할 때 같이 있는 사람이 엄마든 아빠든 타임아웃을 써야 한다. "아빠가 올 때까지 기다려"와 같은 말을 해서는 안 된다. 이런 말은 엄마는 무능한 사람으로, 아빠는 나쁜 사람처럼 보이게 한다. 아빠와 달리 엄마가 엄격한 태도를 보이지 못하면 아이는 엄마를 만만하게 보고 엄마에게만 나쁘게 군다. 그래서 엄마가 아빠에게 아이가 나쁘게 군다고 이야기하면 아빠는 이해하지 못하게 된다. 아이는 아빠가 있을 때는 얌전하게 굴기 때문이다.

조기에 신속하게 대응하라

어떤 표적 행동은 우리가 '준비 단계 행동'이라고 부르는 약한 행동으로 시작한다. 그런 약한 행동은 점점 악화되어 심한 표적 행동에 이른다. 예를 들어 아이가 처음부터 떼를 쓰지는 않는다. 말을 듣지 않는 것으로 시작한다. 즉 불순응이다. 그런 다음 말대꾸를 한다. 반항이다. 그리고 떼를 쓴다. 불순응을 하자마자 바로 아이에게 타임아웃을 하라. 준비 단계 행동을 할 때 바로 개입해서 잘못된 행동이 정점에 달하지 않도록 해야한다. 이것도 부모 역할 훈련의 주요 특징이다.

경고하지 마라

이 생각에 반대하는 전문가들도 있을 것이다. 하지만 나는 아이에게 경고하여 상기시키는 것을 강력히 반대한다. 경고하면 아이는 생각하지 않는 습관을 갖게 된다. 자신의 행동에 주의를 기울일 필요도 없다. 부모가 어떻게 행동해야 하는지 다 알려주고 아이는 이에 의존하기만 하면 되기 때문이다. 아이는 스스로 무엇을 해야 할지 기억해야 한다. 경고하지 않으면 아이는 항상 나쁜 결과를 피하기 위해 어떻게 행동해야 할지 조심하게 된다.

"하나, 둘, 셋" 하고 세는 것은 경고다. 이것은 아이가 주의하도록 상기시킨다. 모든 아이들, 특히 주의산만 및 품행불량 아동은 자신이 무엇을 해야 할지 스스로 기억해야 한다. 물론 어른이 경고하거나 바로잡아주면 올바른 행동을 하겠지만 5분이 지나서 '생각 없는' 상태로 돌아갈 것이고 이것은 우리가 없애야 하는 상태다. 아이가 생각하게 하는 것이 중요하다.

주의산만 및 품행불량 아동 치료의 목적은 경고를 해서 순응하게 하는 것이 아니라 스스로 기억하고 자신의 행동에 주의를 기울이도록 하는 것이다. 이것이 부모 역할 훈련의 핵심이다.

경고나 숫자 세기 없이 아이에게 즉시 타임아웃을 명하는 것이 타임아웃을 올바르게 사용하는 가장 중요한 원칙이다. 항상 이 원칙을 지켜라. 아이가 스스로 기억하게끔 하자!

형제자매를 똑같이 대우하라

형제자매끼리 싸우면 둘을 각각 다른 곳으로 보내 타임아웃을 시켜라. 형제자매와의 싸움이 표적 행동일 때 "무슨 일이야?"고, "누가 먼저 시작했느냐?"고 묻지 마라. 보통은 순진한 척하는 아이가 먼저 시비를 걸었고 다른 아이가 불행히 싸움에 말려든 것이다. 하지만 두 아이 모두 싸움에 책임이 있을 가능성이 높으니 잘못하지 않은 아이를 벌하는 것은 아닐까 걱정하지 마라.

아이에게 타임아웃에 대해 설명하라

아이에게 타임아웃에 대해 알려줘야 할 것이다. 설명은 딱 두 번만 하면 된다. 이 규칙을 시작하기 전날 밤과 시작한 날 밤이다. 절대 다시 설명하지 마라. 경험을 통해 충분히 무엇인지 알게 될 것이다. 아이에게 규칙을 분명히 알려줘라. 설명을 마치고 나서 타임아웃이 무엇인지 설명해 보라고 한다. 잘못 이해한 게 있으면 모두 깨끗이 바로잡는다.

설명을 했을 때 아이가 바로 보이는 반응에 흔들리지 마라. 울거나 웃거나 생각해보겠다는 식으로 어깨를 으쓱할 수 있다. 어떤 반응을 보이든지 아이들은 곧 타임아웃을 싫어하게 될 것이다.

설명은 간략히 하라. 모든 표적 행동을 열거하려 하지 마라. 안 그러면 한두 개 빼먹을 수도 있고 그것에 발목 잡혀 아이가 "엄마 그때 그건 얘기 안 해줬잖아요"라고 말할 수 있다. 잘못을 하면 타임아웃을 할 것이고 의자에서 정확히 10분 동안(혹은 앞서 언급한 최소 시간 동안) 가만히 있어야 한다고 간단하게 알려줘라. 타임아웃을 하는 동안에도 잘못된 행동을 하면 올바르게 행동하고 조용해질 때까지 계속 그 자리에 있어야 한다고 설명하라.

타임아웃을 하는 동안에는 자신이 무엇을 잘못했는지 생각해야 하며 타임아웃이 끝나면 그것을 부모에게 말해야 한다고 일러줘라. "무엇을 잘못했는지 모르면 생각날 때까지 다시 타임아웃을 해야 한다"고 말하라.

이런 사항은 타임아웃을 설명할 때만 이야기하고 매번 타임아웃을 할 때마다 알려주지는 마라. 타임아웃을 할 때마다 자신이 무엇을 잘못했는지 생각해보라고 말하지 마라. 아이에게 상기시키지 마라. 이 규칙을 설명한 순간부터 아이는 기억해내거나 기억하지 못한 대가를 치러야 한다. 이것은 주의산만 및 품행불량 아동에게 특히나 중요한 원칙이다. 타임아웃을 즉시 하지 않으면 방에 갇힐 것이라고 경고하라.

타임아웃을 할 때 부모들이 주의해야 할 사항

1. 아이가 옛날 나쁜 버릇을 다시 시작할 수 있다. 그렇다면 부모가 느슨하거나 다루기 힘든 행동은 그냥 지나쳤기 때문일 것이다. 아이가 부모를 시험하려 한다는 것을 보여주는 위험 신호에 주의를 기울여라. 아이가 당신을 시험하려 들 수 있다는 것을 알고 있어야 한다.

우리 아들 알렉스가 일곱 살 때 다섯 살 난 동생 케빈에게 장난감을 던졌다. 그러고는 바로 '사건 현장'을 떠나려 하는 알렉스에게 내가 물었다. "알렉스, 어디 가니?" 알렉스의 대답은 "타임아웃 하려요"였다. 훈련의 효과가 어떤가?

10

효과적이고 부작용이 없는 훈육법 3

보상하지 않기

고강도 훈육 _ 강화 제거

부모 역할 훈련이 매우 효과가 있긴 하지만 어떤 표적 행동은 바꾸기가 참 어렵다. 가장 고치기 힘든 행동이 공격성과 거짓말이다. 이 고치기 힘든 행동을 다루기 위해 강화 제거라는 강력한 기술을 고안했다. 부모 역할 훈련에 강화 제거를 도입하면 이렇게 다루기 힘든 행동들도 신속히 통제할 수 있을 것이다.

강화 제거

강화 제거란 물질적 강화 인자를 오랜 기간 치워버리는 방법이다. 그 기간은 아주 어린 아이들의 경우 일주일이 적당하고 조금 큰 아이들에게는 한 달이나 일 년이 될 수도 있다.

예를 들어, 앨리슨의 엄마는 앨리슨에게 거짓말을 한 번만 더 하면 제일 좋아하는 인형을 일주일간 압수하겠다고 말했다. 어느 날 앨리슨이 오빠와 밖에서 놀다가 공을 누가 가지고 놀 것인지를 두고 싸우기 시작한다. 오빠가 공을 빼앗자 앨리슨은 집에 들어와서 "오빠가 날 때려요"라고 소리친다. 이때 올바른 대답은 "앨리슨, 너 방금 거짓말했어. 엄마가 보고 있었는데 오빠가 공을 빼앗았지 널 때린 건 아니야. 그럼 결과를 알겠지? 엄마한테 인형 가지고 와. 인형을 얼마 동안 압수하겠다고 했지?"이다. 이 방법은 앨리슨의 거짓말처럼 다루기 매우 힘든 행동에만 사용하는 강력한 조치다.

강화 제거를 올바르게 사용하는 방법

강화 제거의 효과를 최대화하는 적당한 기간은 연령에 따라 다르다. 3~4세는 일주일, 5~7세는 한 달, 8세 이상은 1년이 적당하다. 기간은 엄격하게 지켜야 한다. 물질적 강화를 상실한 이후 아이가 보이는 행동 패턴은 무시하기를 실행할 때와 비슷하다. 즉 표적 행동이 더 나빠졌다가 새로운 표적 행동이 나오고 나중에 표적 행동이 잠깐 다시 시작된다. 강화 제거는 매우 강력한 조치이므로 다른 모든 방법이 실패했을 때를 위해 아껴둔다. 이제 강화 제거를 시행하는 방법을 알아보자.

아이가 가장 중요하게 여기는 물건이나 활동을 7가지 이상 생각해서 목록을 만든다. 친구와 전화하기, 자전거 타기, 비디오게임하기, 좋아하는 CD 듣기, 좋아하는 텔레비전 프로그램 보기, 영화 보러 가기, 캠핑 가기 등등……. 책 읽기와 같이 제거할 수 없는 것은 뺀다. 그런 다음 각 항목의 우선순위를 정한다. 아이가 가장 좋아하는 것이 1번이고 가장 덜 좋아하는 것이 7번이다. 아이가 좋아하는 물건이나 활동이 아니면 효과가 없음을 명심하라.

아이에게 공격적인 행동처럼 심한 짓을 하면 그 목록에 있는 것을 잃 거나 못할 수 있다고 말한다. 예를 들어, "리키야, 동생이나 다른 사람들 을 때리면 한 달간 자전거 못 탄다. 또 그러면 목록에 있는 다른 것도 못 할 거야. 명심해"라고 말한다.

많은 부모들이 이렇게 하는 것이 너무 엄격한 것 같다고 생각한다. 그러 나 공격적인 행동을 하는 것은 매우 위험하므로 강력한 조치가 필요하다.

나는 이 방법을 거친 10대들에게도 써서 성공했다. 그들 중 몇몇은 아이 들의 공격성이 매우 위험한 수준이라며 경찰이 내게 위탁한 아이들이었다.

맨 처음에는 목록에 있는 7번 항목을 제거하고 그래도 나아지지 않으 면 6번, 5번으로 올라간다. 공격적인 행동을 할 때마다 점점 더 잃는 게 많아지고 불편해질 것이다. 강화 제거를 시작한 날짜를 기록하라. 이 방 법은 엄청나게 효과적이며 특히 다루기 힘든 아이들에게 딱이다. 예를 들 어 다음 사례에서 소개할 그레그 같은 아이들에게 딱 맞는 방법이다.

금지한 물건을 계속 가지고 놀거나 금지한 활동을 할 경우를 위해 대 비책을 세워두어야 한다. 대비책은 더욱 엄격한 것이어야만 의미가 있다. 효과가 좋은 방법 두 가지가 있다. 일주일간 친구들과 연락을 끊게 하는 것과 그 물건을 누굴 주거나 팔아버리는 것이다. 이 방법은 첫 번째 방법 이 두 번 실패한 후에만 사용하고, 아이에게 말을 안 들을 경우 그렇게 하 겠다고 미리 경고하라.

■ 그레그의 이야기

열한 살 된 그레그의 어머니는 심한 죄책감에 시달렸다. 어머니는 아이를 사랑하는 동시에 '미워하기'도 했다. 어머니의 남자 친구도 아이를 통제하려고 노력했으나 실패했다.

그레그의 어머니는 경제적으로 어려웠으며 건물 관리인으로 일하면서 그레그 아래 동생 둘을 더 키우는 데다 남자 친구와 시간을 보내랴 품행이 불량한 호전적 아이를 돌보랴 정신이 없었다. 스트레스가 이만저만이 아니었다.

우리는 부모 역할 훈련을 실시했고 두 달 만에 약물의 도움 없이 공격성을 제외한 모든 표적 행동을 제거했다. 매일매일 집에서 그레그의 품행이 향상되었다. 그는 시키는 대로 곧바로 행동했고 자기 연민성 발언과 징징대기도 멈췄으며 조르지도 않고 엄마의 대화를 방해하지도 않았다. 학교 성적도 향상되었다. 수업 시간에는 집중하고 숙제는 꼬박꼬박 다 해갔으며 교실에서 말썽꾸러기처럼 행동하는 것도 그만두었고 선생님께 예의바르게 행동했다.

그러나 가끔씩 이성을 잃고 과격해지는 것은 여전했다. 내가 주의산만 및 품행불량 아동의 몇몇 사례를 연구한 결과는 공격성을 제외한 모든 표적 행동은 부모 역할 훈련으로 이렇게 다 치료할 수 있다는 것을 보여준다. 그럴 수밖에 없는 이유가 있다.

다른 표적 행동들은 자주 일어나서 고칠 수 있는 기회도 더 많다. 하지만 공격적인 행동은 아주 가끔씩만 일어나며 따라서 고칠 수 있는 기회도 적다. 게다가 이성 상실이나 격렬한 분노는 아이가 감당하기 어려운 강렬한 감정이다. 그렇기 때문에 강력한 기술이 필요하다. 공격성은 기존의 거의 모든 치료법도 듣지 않아서 강화 제거를 사용해야 한다.

그레그의 공격성은 한 달에 두 번 정도만 나타났다. 주먹으로 다른 아이들을 때렸고 심지어 엄마까지 때렸다. 물건으로 때릴 때도 있었다. 당구 큐대로 남자아이 머리를 세게 내리친 적도 있었다.

그레그와 함께 그의 공격성에 대해 이야기하고 그러지 말라고 설득했지만 실패했다. 아이는 매번 다음번엔 안 그러겠다고 해놓고도 또 공격성을 보였다. 중증 주의산만 및 품행불량 아동은 흔히 다음번엔 잘하겠다고 약속한다.

아이들이 약속할 때 하는 말은 진심일 것이다. 그러나 아이들이 약속을 지키기 어려울 때가 있고, 그렇기 때문에 인센티브 원리를 이용한 강화 제거 규칙이 필요하다. 우리는 그레그에게 강화 제거 프로그램을 시작했다. 공격적인 행동을 할 때마다 목록에 있는 한 항목을 1년 동안 금지했다. 프로그램을 실시한 날짜를 공책에 적어두었다. 그레그 어머니는 다음과 같이 7가지를 골랐다.

1. 던전스 앤드 드래건스 게임 (온라인 롤 플레이 게임)
2. 기타 연주
3. 텔레비전 시청
4. 자전거 타기
5. 친구와 전화하기
6. 영화 보러 가기
7. 말로마스(마시멜로를 초콜릿으로 덮은 간식) 먹기

그레그가 금지된 항목을 계속하면 친구들과 일주일간 연락을 할 수 없도록 했다. 강력한 대비책을 준비한 것이다.

그레그의 어머니가 이전에 아이에게 일관성을 보이지 않았기 때문에 강화 제거 프로그램을 하는 것이 쉽지 않았을 것이다. 그레그는 엄마가 경고한 그대로 하지 않을 것이라고 생각했다(어머니의 비일관성이 아이의 일관성을 키웠다).

7번에서 2번으로 올라갈 때까지 공격성은 계속되었다. 어머니는 정확히 프로그램을 따라서 수행했다. 마침내 1번까지 갔을 때 공격성이 멈췄다. 나는 안도의 한숨을 내쉬었다. 대부분의 아이들은 3가지 정도를 금지하면 공격성을 멈춘다.

몇 주 후 후속 상담 시간에 그레그는 내 상담실에서 행복의 눈물을 흘렸다. 어머니의 남자 친구가 아이에게 값비싼 주머니용 칼을 선물로 사주었고 그 둘이 같이 낚시를 다니기 시작했다. 그레그는 이런 대우를 받은 적이 없었다. 나도 상담 마지막 시간에 울었다.

일반적으로 5세 미만의 아이에게는 타임아웃과 사회적 강화를 적절히 잘 조합한 부모 역할 훈련을 실시하면 공격성을 매우 잘 통제할 수 있다. 그러나 5~12세 아동의 공격성은 부모 역할 훈련 하나로만 잡기는 힘들고 강화 제거를 추가로 실시해야 한다.

무시하기든 타임아웃이든 강화 제거든 어떤 훈육법을 택하든 아이가 올바르게 행동할 때는 적극적으로 강화하는 것을 잊지 마라. 내가 같은 말을 반복하는 게 지겨운가?

주의산만 및 품행불량 아동을 리탈린과 같은 약물에서 벗어나게 하려면 이 점은 아무리 강조해도 지나치지 않다. 훈육으로 표적 행동을 통제할 수는 있다. 그러나 새롭고 더 나은 품행을 익히게 하려면 매우 적극적인 사회적 강화가 필요하다. 진정으로 안아주고 뽀뽀해줘라.

Part 3

우리 아이
학교 성적 올리기

– 교사 및 학교 연계 프로그램 –

11
우리 아이도
공부를 잘할 수 있다

축하한다! 이제 여러분의 가정은 더욱 편안
해지고 평화로워지고 사랑이 넘치게 되었다. 이제 아이들 학교 공부 문제
로 가보자. 학교 성적을 끌어올리는 방법에 한 장을 할애했다. 그만큼 주
의산만 및 품행불량 아동이 자주 겪는 문제이기 때문이다.

집에서 과잉행동을 하고 얌전히 있지 못하는 아이들은 학교에서도 그
렇다. 다행히 내가 관찰한 결과 집에서 행동을 통제할 수 있는 주의산만
및 품행불량 아동 중 80~90퍼센트는 학교생활도 더 나아진다. 이 장에
서 설명하는 방법은 아이의 표적 행동을 집에서 통제할 수 있게 된 다음
에 사용하기를 바란다. 집에서 아이를 통제할 수 있기 전까지는 이 책을
치우고 앞 장에서 설명한 대로 칭찬과 강화를 시행하라.

아이가 이미 학교에서 진정하고 얌전히 행동하기 시작했을지도 모른

다. 가정에서 애정 어린 관심을 기울이며 사회적 강화를 하면 아이는 밖에서도 더 잘할 수 있도록 동기부여가 된다. 그러나 집에서 표적 행동을 통제했는데도 학교 성적이 부진하다면 이 장에서 설명하는 방법이 도움이 될 것이다.

성적 향상의 열쇠는 동기부여

기본 원칙으로 시작하자. 학교 성적 향상의 열쇠는 아이의 동기다. 의욕이 넘치는 아이들을 보면 집안에서 아이의 공부에 끊임없이 관심을 갖고 열심히 노력할 수 있도록 꾸준히 강화한다.

자신이 생각하는 대로 자아가 형성된다. 아이가 어릴 때부터 공부를 좋아하고 책을 사랑하고 독서를 즐기고 열심히 노력하도록 교육을 잘 받으면 학교에서 잘하고 싶은 욕구가 생길 것이다. 그러면 행동 교정 프로그램이나 리탈린과 같은 알약이 애당초 필요하지도 않을 것이다.

앞에서 현대인이 얼마나 많은 스트레스를 받는지, 얼마나 바쁘게 살아가는지에 대해 이야기했던 것 기억나는가? 그렇지만 아무리 바쁘더라도 부모는 매일 시간을 내서 아이들에게 올바른 가치관과 믿음을 다정하게 일러주어야 한다. 가정에서의 사랑, 보살핌, 관심이 동기부여로 발전한다. 의욕이 넘치는 아이들은 교실에서 시선을 끄는 도구가 없어도 잘 배운다.

이 아이들에게 필요한 것은 학습에 꼭 필요한 필수도구뿐이다. 바로 책, 노트, 연필, 그리고 칠판이다. 그리고 학교 선생님 탓하는 것을 멈추자. 선생님이 아무리 훌륭하고 학습 도구가 아무리 좋아도 아이가 동기부여가 돼 있지 않으면 배우려 하지 않을 것이다.

부모 역할 훈련을 통해 가정에서 행동을 통제할 수 있게 됐을지라도 우수한 학교 성적의 중요성을 알려주고 학교 성적을 향상시키기 위한 동기부여를 끊임없이 해주어야 한다. 그래도 여러분의 아이가 학교 성적이 좋지 않은 20퍼센트에 해당한다면 다음에 제시하는 프로그램을 시행하라.

프로그램을 시작하기 전에 확인해야 할 사항

성적 부진으로 부모 손에 이끌려 우리 상담실로 오는 아이를 보면 대개 주의력결핍장애나 주의력결핍 과잉행동 진단을 받았다. 사실, 요새 상담실에서 보는 거의 모든 아이가 그런 진단을 받는다. 그래서 나는 다음과 같은 4가지를 생각하게 되었다.

첫째, 아이가 학습 장애 검사를 받았는가?

나는 여러 해 동안 학교에서 근무하며 눈에 띄지 않는 학습 장애를 가진 아이들을 많이 만나봤다. 학습 장애는 학업 성취도를 크게 떨어뜨린다. 아이에게 검사를 받아보게 하라.

둘째, 아이를 괴롭히는 사람이 있는가?

학교에서 불량 학생이 아이를 괴롭히는가? 아니면 교사 중에 지나치게 부정적이고 겁주고 가혹하게 구는 교사가 있는가? 내가 상담한 아동 중에 부모 역할 훈련을 통해 가정과 학교에서 모두 얌전하고 공부도 잘하게 된 아이가 있었다. 그런데 몇 주마다 그 성과가 무너지곤 했다. 나는 아이의 담임교사에게 상담을 요청했고 그 교사가 매우 가혹한 성격의 소유자라는 것을 알게 되었다. 그 남자아이는 마침내 담임교사가 자신에게 겁을 준다고 털어놓았다.

나는 그 교사에게 그녀의 방식이 아이에게 영향을 준다고 설명하려고 했으나 그녀는 자신의 방식이 옳다고 믿었고 바꾸려 하지 않았다. 더구나 그녀는 자신의 남편이 심리학자라며 자신의 입장을 정당화하려고 했다. 내 전처가 치과 의사라고 말하면 그녀가 내게 치과 신경치료를 맡겼을까? 그 아이는 매우 긍정적인 교사가 담임인 다른 반으로 옮겼다. 학교 성적이 금방 좋아졌고 그 이후로 다시는 문제가 나타나지 않았다.

셋째, 아이의 읽기 지수는 얼마인가?

나는 보통 상담하러 온 아이의 읽기 지수(RQ, Readiness Quotient) 및 수학 같은 다른 과목 능력을 측정한다. 나는 지능지수보다 읽기 지수라는 표현을 선호하는데 지능지수는 오해를 일으킬 수 있기 때문이다. 알프레드 비네(Alfred Binet)가 20세기에 고안한 지능검사의 목적은 '지능'이라는 말이 붙어 있긴 해도 아이의 수학(受學) 능력을 측정하는 것이었다. 시험지로 아이의 지능을 테스트할 수는 없다. 이것은 학교 성적은 형편없지만 엄청나게 똑똑한 사람들의 존재로 증명되었다. 천재들도 지능검사에서는 높은 점수가 안 나올 수 있다.

이런 주장은 제쳐놓고 심리학자들은 자주 테스트를 해서 지능지수 점수를 내고 또래 집단의 다른 아이들과 비교한다. 100점이 표준이다. 즉 90~110이면 지능이 평균 수준이다. 이보다 높으면 학교에서 공부를 잘 하는 아이들이고, 이보다 낮으면 학교 수업을 따라가는 것이 더딘 아이들 이고, 지능지수가 매우 낮으면 학습 부진아다.

수학 능력이 해당 학년 수준에 못 미치는 아이에게는 학교 수업이 너 무 어려울 수 있다. 학습이 느린 아이들은 동급생들과 경쟁을 할 수 없을 것이다. 수업을 따라가지 못하는 배경에는 주의산만증이나 품행불량증이 있을 수 있다. 이런 아이들은 각자 공부하는 교실이나 개인 지도가 가능 한 소규모 학급에 배치되어야 한다. 이런 학급에서는 기존의 채점 방식을 이용하지 않는다. 대신 학습 능력이 향상된 정도로 평가한다.

반대로, 아이의 읽기 지수가 높다면 수업 시간이 지루하거나 자극을 충분히 못 받을 수 있다. 이것도 주의산만이나 품행불량의 원인이 될 수 있다.

넷째, 아이의 시력과 청력을 병원에서 검사해보았는가?

학습 장애 검사, 읽기 지수(지능지수) 검사, 청력 및 시력 검사 결과가 모두 정상이고 학교에서 괴롭히는 사람도 없다면 아무 문제가 없고 아이 가 똑똑하며 공부를 잘할 수 있다는 결론이 난다. 그럼 더 직접적인 개입 을 시작한다. 부모 역할 훈련이 성공하여 가정에서는 아이가 얌전히 잘 행동하는데도 학교 성적이 부진하다면 아이가 고집이 좀 센 편이므로 성 적 향상을 위해 추가 조치가 필요하다. 이 문제를 해결하기 위해 일일 기 록표를 추가한다.

12
일일 기록표 작성하기

대부분의 학교에서는 생활통지표를 한 학기에 한 번씩만 보낸다. 이렇게 드문드문 보내는 생활통지표는 학업 성적을 끌어올리는 데 별로 도움이 되지 않는다. 성적을 끌어올리려면 자주, 즉각적으로, 꾸준히 좋은 성적을 받도록 강화해야 한다. 부모와 아이는 매일 학교에서 아이가 얼마나 잘했는지를 알아야 한다.

그림 12-1과 같은 일일 기록표를 만들어 활용하면 아이의 성취도에 따라 적절한 피드백을 할 수 있고 아이는 매일 아침 새로운 각오로 하루를 시작할 수 있다. 또 자신이 어떤 부분에서 더 노력해야 하는지 알 수 있다. 이 기록표를 이용해서 부모와 교사가 협력하여 아이의 성적을 향상시킬 수 있다.

그림 12-1 ⋮⋮ 일일 기록표

이름: _____

날짜: _____

과목	수행평가 (문제 풀기, 참여도, 집중)					수업 태도				시험 및 쪽지 시험 점수 (일일 테스트)	과제 점수 (당일 과제)	교사의 서명
	E	S	N	U	E	S	N	U				
1.												
2.												
3.												
4.												
5.												
6.												
7.												
8.												
9.												
10.												
11.												
12.												

의견

_____

_____

E = 우수 **N** = 노력 요
S = 보통 **U** = 부족

담임교사의 협조를 구하라

먼저 해야 할 일은 아이의 담임을 만나는 것이다. 이 기록표가 아이와 담임교사에게 어떤 도움을 줄 것인지 이야기한다. 매일 기록표를 작성하는 것은 교사에게 골치 아픈 일거리가 될 수 있다. 이 기록표가 선생님을 더 편안하게 해줄 것이라고 설명하라. 아이가 수업 시간을 방해하는 일이 없어질 것이기 때문이다.

일일 기록표를 작성하면 문제아인 당신의 아이를 다루느라 걸리는 시간을 줄일 수 있고 아이가 반 전체 분위기를 흐리는 일도, 교사를 화나게 하는 일도 없을 거라고 설득하라. 교사가 그 기록표 덕분에 부모가 집에서 아이에게 교육을 더 잘 시켜서 학급 분위기를 훨씬 더 안정적으로 만들 수 있다는 사실을 이해하면 기꺼이 도울 것이다. 교사들은 대부분 문제아의 부모가 아이를 위해 무언가를 해보겠다고 하면 매우 반긴다. 성과가 있을 것이 분명한데도 도움을 거절하는 교사는 거의 본 적이 없다.

하루에 25명에 달하는 반 아이들의 기록표를 일일이 작성할 수는 없다고 하는 교사가 있을 수도 있다. 사실, 이 방법은 주의산만이나 품행불량 아동 한두 명에게만 쓰면 된다. 이 아이들의 행동을 통제할 수 있도록 교사가 매일 조금씩 시간을 할애하는 것은 매우 큰 가치가 있다.

그래도 교사가 협조를 거절하면 교장과 이야기해보길 강력히 권고한다. 내 경험상 교장은 예외 없이 그 교사에게 오랫동안 학교생활에 적응하지 못한 아이를 도우라고 지시할 것이다. 교사에게 이 책을 읽어보라고 권유하는 것도 좋은 방법이다. 일일 기록표를 작성하는 목표가 무엇인지 명확히 알려주는 가장 쉬운 방법이다.

종종 주의산만 및 품행불량 아동은 자신의 성적이 저조하다는 것을 잘 모른다. 많은 학생들은 쪽지 시험을 두세 번 잘 보면 몇 주 전에 받은 낙제 점수는 생각도 안 하고 자신이 공부를 잘하고 있다고 생각한다. 아이에게 모든 시험 점수를 기록하라고 하라(그림 12-2 참조). 보기에 가장 편한 곳에 그 기록표를 붙여놓고 아이가 자신의 성적을 확인하며 본인의 학업 능력을 깨닫게 하도록 하라.

교사가 하루에 단 몇 분만 들여서 일일 평가를 한다면 일일 기록표(그림 12-1)가 부모와 교사 간의 교류를 증진할 수 있다. 아이가 교사에게 받아 부모에게 매일 전하는 이 기록표는 아이의 하루 성취도를 집에서 확인할 수 있는 좋은 자료이기 때문에 매우 중요하다.

일일 기록표 작성법

그림 12-1 일일 기록표에서 첫 번째 세로 칸에는 그날 시간표대로 과목명을 적는다. 그러면 각 과목별 아이의 실력을 평가할 수 있다.

두 번째 세로 칸에는 수업 수행 평가를 기입한다. 아이가 수업 시간에 얼마나 잘 집중했는지 토론에 얼마나 잘 참여했는지 교사가 평가하는 난이다. 교사가 아이가 공부에 집중하는지, 잘 듣는지, 교사나 칠판을 보고 있는지, 토론에 잘 참여하는지, 질문에 잘 대답하는지 등을 보고 종합적으로 판단해서 점수를 매긴다. 이 부분에서 평가의 대상이 되는 행동은 모두 《정신질환 진단 및 통계 편람》에 수록된 주의력 문제행동이다. 다음은 교사의 평가 기준이다.

그림 12-2 ::: **집에 붙여놓는 시험점수 기록표**

과목										
점수										
날짜										
점수										
날짜										
점수										
날짜										
점수										
날짜										
점수										
날짜										
점수										
날짜										
점수										
날짜										
점수										
날짜										
점수										
날짜										

E = 우수

S = 보통

N = 노력 요

U = 부족

간단히 점수를 매기는 것이 교사에게 더 쉽다. 모든 세부 사항을 다 적는 것은 시간도 많이 걸리고 비효율적이며 교사의 협조를 구하기도 힘들다.

세 번째 세로 칸(태도)은 수업 시간에 다른 학생과 대화한다든지 허락 없이 돌아다니기, 심하게 몸을 흔들거나 떨기, 교실에서 소리 지르기, 새치기하기 등 부적절한 행동을 체크하는 곳이다. 《정신질환 진단 및 통계 편람》에서는 이런 행동을 충동성 제어 문제로 분류하고 있다. 품행은 모든 문제행동을 살펴보고 종합적으로 평가한다. 교사가 이 칸을 체크한다.

네 번째 세로 칸은 시험과 쪽지 시험 점수 기록란이다. 숙제 점수는 교사가 따로 다섯 번째 세로 칸에 기록한다. 점수를 A, B, C, D, F로 기록할 수도 있고 숫자로 적을 수도 있다. 알파벳으로 점수를 매길 때는 학교마다 기준이 다르기 때문에 숫자 점수로 얼마인지 알아야 한다.

마지막 세로 칸에는 교사가 서명을 한다.

한 학기가 끝날 무렵에는 공식적인 통지표에 적힌 내용과 일일 기록표에 적힌 내용이 거의 비슷해질 것이다. 통지표와 일일 기록표에 적힌 내용이 서로 다르다면 교사가 일일 기록표를 성실히 기록하지 않았을 가능성이 있다.

아이의 학습 문제가 해결될 때까지 보름마다 교사를 만나 아이의 진전 상황을 짚어볼 것을 권한다. 문제 해결이란 수업 태도 점수 보통 이상, 품행 점수 보통 이상, 시험 및 과제 점수 보통 이상 등 모든 부분에서 합격점을 맞는 것이다. 아이가 모든 부분에서 향상되면 집에서 상을 준다. 하지만 한 부분이라도 낙제하면 집에서 노는 시간 제한 등과 같은 훈육을 해야 한다.

일일 기록표의 활용

평가 기준을 정한다

수행평가는 교사가 수업 시간에 아이를 관찰하여 평가하는 것이다. 할 일에 집중하는지, 토론 수업에 잘 참여하는지, 바르게 손을 올리는지, 질문에 대답을 잘하는지를 본다. 수행평가는 하루에 들어 있는 모든 수업 시간에 한다.

그리고 교사는 아이의 수업 태도도 평가한다. 수업 시간에 주변 아이들과 잡담을 하는지, 손을 들지 않고 대답을 큰 소리로 외치는지, 줄을 설 때 새치기하는지, 허락 없이 수업 시간에 돌아다니는지를 체크한다. 수업 태도 역시 하루에 들어 있는 모든 수업 시간마다 평가한다.

평가 기준이란 최소 합격점을 의미한다. 수행평가나 수업 태도에서 '노력 요'나 '부족'은 불합격, 즉 평가 기준 이하다. 최소 합격점은 '보통' 이다. 기록표에 있는 다섯 개 영역 중 한 영역이라도 '노력 요'나 '부족'이 있으면 자유 시간 금지 등 집에서 부정적인 결과를 준다.

예를 들어 매튜는 주의산만과 품행불량이 심한 아이다. 수업 시간에 자주 창밖을 바라본다. 수업을 잘 따라가지 못하고 선생님의 질문에 대답도 잘 못한다. 수업 태도면에서 보면 자리에서 몸을 흔들거나 일어나서 돌아다니고 주변 아이들에게 끊임없이 말을 건다. 매튜 부모는 가정에서 부모 역할 훈련을 성공적으로 완수했으나 매튜의 학교 성적은 나아지지 않았다. 그래서 일일 기록표를 쓰기 시작했다. 첫 주는 성적이 매우 형편없어서 매일 오후 3시 반부터 5시까지 자유 시간을 금지해야 했다. 둘째 주에는 점점 나아져서 수요일에는 그림 12-3과 같은 일일 기록표를 받았다.

매튜는 수학 한 영역만 빼고 다 합격했다. 수학 수업 태도 점수만 '노력 요'를 받았다. 이날도 자유 시간을 금지당했다. 그러나 목요일에는 전 과목 전 영역에서 합격점을 받고 자유 시간을 가질 수 있었다. 그날 이후 계속 모두 합격점을 유지하고 있다.

점수에 따라 강화 또는 훈육을 행한다

주의산만이나 품행불량 아동이 첫 평가에서 보통이거나 더 잘하는 것으로 나오면 일일 기록표 평균 점수를 대략 B나 C로 예상할 수 있다. 그러므로 평가 기준은 C가 된다. 아이의 첫 평가 점수가 높으면 일일 기록표 평균 점수를 A나 B로 예상할 수 있으므로 평가 기준은 B가 된다.

아이가 평가 기준보다 높은 점수를 받으면 집에서 강화 인자를 받는다. 학습 면에서나 수업 태도 면에서 기준 점수보다 낮은 점수를 받으면 집에서 그 결과를 받는다. 과제든, 수업 태도든, 성적이든 한 영역이라도 평가 기준보다 낮으면 집에서 부정적인 결과를 받는다.

"딱 하나인데도?"라고 묻는 독자가 있을지도 모른다. 그렇다. 나는 이 일일 기록표를 작성하기 시작한 후 일주일 만에 성적과 품행이 합격점까지 올랐다가 그 뒤로 수행 성적, 수업 태도, 과제 점수가 급격히 떨어진 아이들을 많이 봤다. 규칙을 엄격히 세워야 아이가 최선을 다하려고 노력한다. 그래야 부모가 아이에게 바라는 것이 무엇인지 정확히 전달할 수

그림 12-3 ::: 매튜의 일일 기록표 예시

이름: 매튜

날짜: 4/12

과목	수행평가 (문제 풀기, 참여도, 집중)				수업 태도				시험 및 쪽지 시험 점수 (일일 테스트)	과제 점수 (당일 과제)	교사의 서명
	E	S	N	U	E	S	N	U			
1. 과학		✓				✓			쪽지시험 85	92	J. T.
2. 읽기	✓					✓			–	90	J. T.
3. 음악	✓				✓				–	–	E. S.
4. 수학		✓					✓		쪽지시험 83	90	B. W.
5. 체육	✓				✓				–	–	J. T.
6. 점심		✓				✓			–	–	J. T.
7. 영어		✓			✓				시험 94	평가 중	P. S.
8. 미술	✓								과제 완수 100	–	
9.											
10.											
11.											
12.											

의견　매튜가 영어 시험을 매우 잘 봤습니다!

수학 시간에 연습문제 풀이를 시켰는데 다른 친구와 이야기했습니다.

E = 우수　**N** = 노력 요
S = 보통　**U** = 부족

있고 불필요한 오해나 혼란을 막을 수 있다.

주의가 산만하고 품행이 불량한 아동이 정말 이것을 할 수 있을까? 물론이다! 나는 수백 건의 성공 사례를 보았다. 이 아이들은 병에 걸린 것이 아니다. 충분히 할 수 있는 정상적인 아이들이다.

로버트는 주의산만 아동이었다. 품행은 항상 훌륭했다. 차분히 말하고 나쁜 행동을 한 적은 거의 없다. 그러나 수업 참여도가 낮았다. 집중하지 않고 책이나 선생님 대신 주변을 끊임없이 두리번거렸다. 수업 시간에 주어진 과제도 잘하지 못했다. 과제나 시험 점수는 거의 항상 '노력 요'나 '부족'이었다. 읽기 지수가 122로 꽤 높은 편이었고 학습 장애가 없었으며 청력과 시력은 매우 정상이었다.

일일 기록표를 쓰기 시작한 첫 주에 수행평가 점수가 올라가고 시험 및 과제 점수가 합격점으로 향상되었다. 그러나 두 번째 주 월요일에는 읽기와 사회에서 D를 맞았다. 수학과 사회 시험에서도 낙제했다. 그날 오후 3시부터 5시까지 자유 시간을 금지당했다.

목요일에는 수학 과제를 제외한 전 과목 전 영역에서 합격점을 받았다. 다시 자유 시간을 금지당했다. 수요일에는 모두 다 합격해서 자유 시간을 허락받았다. 그 후 3주 중에서 이틀 동안만 각각 다른 과목 한 영역에서 불합격했다. 그 이틀 동안 자유 시간을 금지당했다. 그다음부터는 모두 다 합격해왔고 매일 자유 시간이 허용되었다.

평가 기준에 미치지 못하면 부정적인 결과를 대가로 주어라

강화 인자가 물건(장난감, 사탕)과 활동(자유 놀이, 텔레비전 시청)이라는 것을 기억하자.

마이클은 방과 후 만화 보기를 좋아한다. 마이클은 부모 역할 훈련의 가정 프로그램을 훌륭히 마치고 학교 성적도 크게 향상되었으나 숙제는 잘 안 하거나 대충 한다. 일주일 동안 모든 과목의 과제에서 불합격 점수를 받았다. 그래서 만화 및 만화 대체재를 금지당했다. 즉 만화 대신 즐길 수 있는 것도 할 수 없었다. 두 번째 주가 되자 무엇을 해야 하는지 알았고 과제를 열심히 잘 수행하기 시작해서 일일 기록표 전 영역을 다 통과했다. 그리고 매일 만화를 볼 수 있었다.

부정적인 결과는 방과 후 오후 3시 반부터 5시 반까지 자유 시간 금지가 될 수도 있다. 대체재를 허용하면 안 된다! 텔레비전 시청 금지, 읽기 금지, 전화 금지, 숙제 금지, 게임 금지, 방문객 금지다. 그 2시간 동안은 아무것도 허용해선 안 된다. '대체재 없이'가 이 훈육의 기본임을 잊지 말아야 한다.

일일 기록표는 6주 완성 프로그램이지만 매일매일 새롭게 시작하는 프로그램이나 다름없다. 아이들은 매일 학교생활을 성실히 할 것인지 부정적인 결과를 받을 것인지 양자택일을 한다. 기본 원칙을 기억하자. 몇 주가 지나도 아이가 좀처럼 나아지지 않으면 텔레비전 시청 금지를 추가한다. 물론 대체재도 허락하지 않는다. 필요하면 더 엄격해질 수 있지만 솔직히 (다행히도) 그런 일은 잘 없다.

읽기 지수가 높은 아이들에게는 시험과 숙제 점수의 기대치를 A나 B로 잡는다. 그럴 능력이 있는 아이들은 그 정도 수준까지 역시 일주일만에 충분히 올라갈 수 있다.

윌은 읽기 지수가 144다. 매우 높다. 그런데 전 과목 시험과 과제에서 계속 D와 F를 맞았다. 윌의 읽기 지수에 맞춰서 합격 점수를 B로 설정했다. 부모는 너무 높게 잡는 게 아닌가 염려했지만 마지못해 그렇게 하겠다고 동의했다. 윌에게 숙제나 시험 점수가 B 아래면 매일 방과 후에 자전거를 탈 수 없다고 말했다. 그것만으로도 충분한 효과를 거둘 수 있었다. 첫째 주 월요일에 A 두 개에 나머지는 모두 B를 맞았다. 선생님과 부모님께 칭찬을 받자 윌은 정말 좋아했다. 윌 자신도 자기가 이렇게 잘할 수 있다는 사실에 놀란 것 같았다. 자아 존중감이 크게 늘어났다. 둘째 주부터는 전부 A를 맞기 시작했다. 그 이후 윌은 줄곧 우등생이다.

내가 아는 몇몇 부모들은 조금 더 관대해져서 시험이나 과제 점수에 A나 B보다는 C를 3개까지 허용하고 싶어했다. 그 결과 자녀가 매일 과목을 돌려가면서 정확히 C를 3개 맞았다. 그렇다. 아이들은 그 정도로 영악하다.

원한다면 기대치를 매주 조금씩 올려서 학업 성적을 무리없이 천천히 향상시켜도 좋다. 예를 들어, 둘째 주 합격선은 C 2개, 셋째 주는 C 1개, 넷째는 C 0개로 정한다. 그러나 윌에게 그랬듯이 처음부터 엄격한 기준을 세우는 것이 더 좋다.

아이가 숙제할 때 옆에 있지 마라

아이들이 숙제하고 있을 때 옆에 앉아 있지 마라. 일일 기록표가 제 기능을 하게 하라. 아이의 무기력증을 강화하지 마라. 아이가 물으면 답을 해주되 아이와 같이 앉아서 일일이 다 가르쳐주려고 하지 마라. 이것이 부모 역할 훈련의 특징이다. 아이가 정상이며 숙제를 스스로 할 수 있다고 믿어라. 실제로 아이가 변화는 모습을 보면 열렬한 부모 역할 훈련의 추종자가 될 것이다.

애들이 제일 잘하는 거짓말 두 가지가 "엄마, 오늘은 선생님이 숙제안 내주셨어요"와 "선생님, 버스에서 숙제한 거 잃어버렸어요"다.

부모에게 숙제하도록 하기가 도전 과제가 될 수 있다. 특히 주의산만 및 품행불량 아동의 부모는 아이에게 숙제를 시키는 일이 여간 힘든 게 아니다. 내가 항상 듣는 소리가 "우리 애는 같이 안 있어주면 절대 숙제를 안 해요"다. 아이 옆에 앉아서 채근하고 달래고 일일이 가르치려 들면 건망증, 일 의존성, '생각 없음'을 강화한다.

아이가 숙제할 때 부모에게 참고만 할 수 있게 하라. 숙제를 다 했으면 정확성과 깔끔함을 확인한다. 어디를 고쳐야 하는지 지적하고 다시 혼자 고치라고 한다. 일일 기록표에서 과제 영역을 불합격했으면 그에 상응하는 대가를 치르게 한다. 그러면 월이 그랬듯이 금방 향상된다.

주의해야 할 것은 아이가 집에서 행동을 매우 잘 통제하고 그런 아이의 발전이 학교에서도 이어지는지 몇 주간 더 살펴본 다음에 이 학교 프로그램을 실시해야 한다는 것이다. 학교에서도 잘하면 이 프로그램은 필요없다.

내적 동기가
눈덩이처럼 커진다

아이가 합격선에 도달하면 내적(자연스런) 강화가 커지고 아이는 자신의 학업 성적이 더 올라갈 수 있다는 사실을 알고 좋아한다. 아이에게 정말 멋진 일이다! 성적이 향상되면 선생님은 아이에게 웃어주고 더 잘해준다. 부모도 아이에게 더 긍정적인 모습을 보이고 강화를 한다. 이런 자연스러운 강화 인자 덕분에 아이는 만족하고 스스로를 자랑스러워한다. 학업에서 '상위권'에 있는 것이 얼마나 기분 좋은 일인지 알게 된다.

그러나 수행평가, 수업 태도, 시험, 과제 등 어느 영역에서든 단 한 개라도 합격점을 받지 못한 날에는 평소에 누릴 수 있는 즐거움을 포기해야 한다.

일일 기록표에 따라 아이가 방과 후 무엇을 할 수 있는지와 무엇을 할 수 없는지가 결정된다. 아이는 누가 일러주지 않아도 항상 그날 한 학교생활에 따라 집에서 부정적인 결과를 겪을 수 있음을 기억해야 한다. 부모는 부정적인 결과를 침착하고 효율적으로 수행해야 한다.

아이에게 얌전히 행동하거나 공부를 잘하라고 소리 지르고, 애원하고, 때려서는 안 된다. 그런 식으로 위협하면 아이 성적이 절대 오르지 않을 것이다.

이 학교 프로그램(일일 기록표)을 써본 대부분의 부모들이 아이의 성적이 오르고 품행도 좋아졌으며 불안 증세가 사라졌다고 했다. 학교 성적이 향상되어 내재된 강화 인자를 더 많이 받으면서 아이가 훨씬 행복하고 안정되었다고 많은 부모들이 내게 얘기한다.

학교 프로그램을 시작하기 전에 준비해야 할 것

프로그램을 시작하기 전에 아이에게 방식을 설명하고 한번 말해보라고 시킨다. 모르는 부분이나 오해가 없도록 분명히 이해시킨다. 딱 한 번만 더 설명한다. 그런 다음 아이가 여전히 모르는 것 같아도 그냥 프로그램을 시작하고 진행하라. 직접 하면서 빠르게 익힐 것이다. 애덤의 사례를 보자.

■ 애덤의 이야기

애덤은 만 아홉 살로 4학년이다. 거의 모든 과목에서 낙제했기 때문에 담임교사인 존슨 씨는 부모에게 전문가의 도움을 받아볼 것을 권했다. 전미 학업 성취도 평가 점수가 다른 시험 점수보다 훨씬 높았기에 존슨 선생님은 아이가 머리가 좋고 더 잘할 수 있다고 믿었다.

존슨 선생님은 아이 부모에게 의사와 리탈린과 같은 약물 복용 문제를 상의해보라고 제안했다. 리탈린을 먹기 시작했지만 나아지지는 않았다. 학교 상담교사는 부모와 상의하여 애덤을 내게 보내기로 했다.

첫 평가시험에서 읽기와 수학 능력이 4학년 평균 수준보다 훨씬 높게 나타났다. 읽기 지수는 123이었다. 테스트 결과 학습 장애는 없는 것으로 나타났다. 시력과 청력 검사 결과도 정상이었다. 분명히 학교 공부를 더 잘할 수 있는 능력이 있었다. 나는 의사와 상의하여 리탈린을 끊을 것을 권고했다. 의사의 지시에 따라 애덤은 리탈린을 차츰 줄여서 끊었다.

애덤은 학교에서 특별히 심한 문제행동을 하지는 않으나 존슨 선생님은 아이가 집중을 잘 안 하고 지루해한다고 했다. 수업 시간에 다른 아이들과 얘기하거나 공부하는 것을 방해하고 연필과 펜으로 로켓 놀이를 했다. 애덤이 버릇없는 아이는 아니다. 예의바른 어린이다. 학교 상담교사는 애덤에게 주의력결핍장애 판정을 내렸다.

애덤의 부모는 내게 아이가 집에서도 약간 문제가 있다고 말했다. 순응하지 않고 반항적이며 일주일에 한두 번 생떼를 쓴다. 자기 연민성 발언을 하고 하루에도 몇 번씩 부정적인 말을 하며 울고 징징댄다. 특히 숙제를 해야 할 때 우는 소리를 한다. 엄마는 매일 저녁 아이가 숙제를 할 때마다 항상 옆을 지킨다. 엄마가 없으면 하지 않는다. 그 외에 다른 표적 행동은 없었다.

애덤의 엄마는 전업주부라서 아이가 방과 후 집에 돌아올 때마다 집에서 맞아준다. 아이가 놀 수 있는 시간은 매일 오후 3시 반부터 5시 반까지다. 저녁을 먹고 애덤은 대충 숙제를 금방 하고 텔레비전을 보거나 책을 읽는다. 다행히 애덤은 책을 좋아한다. 자기가 좋아하는 일을 할 때는 주의집중력이 놀랍게 좋아진다.

애덤의 부모는 부모 교육을 4번 받고 부모 역할 훈련을 시작했다. 가정 내 모든 표적 행동이 사라졌고 애덤은 만족할 줄 아는 어린이가 되었다. 그러나 학업 성적은 그대로였다.

내 지시에 따라 애덤의 부모는 담임교사에게 일일 기록표를 가지고 갔다. 존슨 선생님은 의욕적으로 협조했으며 애덤은 매일 일일 기록표를 집으로 가지고 왔다. 애덤의 부모는 아이에게 일일 기록표에 하나라도 기준에 미달하는 점수가 있으면 자유 시간을 뺏긴다고 설명했다.

집안에서 하는 행동은 안정적이었으나 일주일이 지나도 학교 성적은 그다지 오르지 않았다. 3주 후 텔레비전 시청 금지가 추가되었다. 자유 시간과 텔레비전 시청을 금지당하자 할 수 있는 것이라곤 집 주변 산책밖에 없었다. 장난감, 놀이, 숙제하기, 독서, 가족들과 어울리기가 모두 금지되었다. 그러자 반 등수와 과제 실력이 급격히 올랐다. 3주 만에 모든 영역에서 합격점을 받았고 그 수준을 유지했다. 엄마는 이제 애덤이 숙제할 때 같이 있지 않는다.

단지 아이가 질문할 때 참고가 되는 답변만 해줄 뿐이다.

일일 기록표 프로그램을 시작한 지 6주 만에 애덤은 학교와 집에서 모두 훌륭한 아이가 되었다. 존슨 선생님도 아이의 향상을 강화하기 위해 비상한 노력을 기울였다. 선생님과 함께 내 사무실을 방문한 애덤은 전보다 훨씬 행복해 보였다. 애덤의 부모님은 내가 제안한 프로그램의 효과를 더욱더 확실히 믿게 되었다.

13
교육과 독서의 가치를
가르친다

지금까지 이루어낸 성과를 유지하기 위해 아이에게 교육과 독서의 중요성을 긍정적인 방식으로 가르치는 것이 매우 중요하다. 너무 많은 부모들이 읽기와 교육과 독서가 가정에서 강조해야 하는 중요한 가치임을 가르쳐주지 않고도 아이가 학교에서 잘할 것이라고 생각한다. 그렇지 않다.

가정에서 아이에게 교육과 독서의 중요성을 잘 주입해야 주의산만이나 품행불량 아동이 되지 않는다. 주의산만이나 품행불량 아동의 부모가 부모 역할 훈련과 일일 기록표 프로그램을 시행하면 아이의 행동 및 인지 문제를 어느 정도 해결할 수 있다. 하지만 그것만으로는 충분하지 않다. 아이의 태도를 바꿀 수 있는 자연스러운 강화를 해줘야 아이는 얌전히 행동하고 공부도 잘할 것이다. 그러면 교사는 더 자주 웃어주고 칭찬하며, 부모는 더 적극적으로 강화할 것이고, 아이는 다른 아이와 잘 어울릴 것이다. 그러나 할 일이 더 있다. 교육과 독서의 중요성을 한층 더 강조해야 한다.

배우는 즐거움을 가르쳐라

앞에서도 교육과 학습의 중요성을 강조했지만 다시 한번 강조할 가치가 있다. 아이를 데리고 가까운 곳을 견학하라. 박물관, 대학 캠퍼스, 유적지를 가보라. 자연학습을 즐겁고 멋진 일로 만들어라. 경치가 좋은 곳으로 소풍을 가라. 캠핑을 하면서 캠핑에 필요한 기술을 가르쳐줘라. 일찍 일어나서 해 뜨는 것을 보게 하라. 망원경을 사서 하늘을 관찰하는 것도 좋다. 장난감 대신 현미경이나 과학상자를 사주거나 개미굴을 만들어서 아이와 함께 관찰하게 하라. 아이가 꽃모종을 심는 것을 돕도록 해라. 천체의 운행을 보여주는 천문관에 가라. 아이의 학업에 깊은 관심을 보여라. 매일 아이와 학교생활에 대한 이야기를 나누어라. 아이가 좋은 성적을 받으면 기뻐하는 모습을 보여주어라.

음악을 가까이하라. 나는 록, 팝, 클래식을 좋아한다. 그래서 우리 아이들을 데리고 좀 얌전한 록 콘서트나 클래식 음악회에 가곤 한다. 음악회에 데리고 가기 전까지는 애들이 클래식을 싫어했으나 라이브 연주를 듣고 나서 긍정적으로 바뀌었다.

아이를 연극 공연장에 데려가라. 여름에는 야외 무료 공연이 많다. 가족끼리 가면 좋다. 분명 재미있을 것이다.

책 읽기를 좋아하는 아이가
학교 성적도 좋다

아이가 책을 좋아하도록 가르치는 것은 매우 중요하다. 책을 많이 읽는 아이가 별로 안 읽는 아이보다 학교 성적이 더 뛰어나다. 독서는 인생 전반에 걸쳐서 중요한 영향을 미친다. 아이를 독서가로 키우려면 책 읽기를 좋아하도록 도와줘야 한다. 책 읽기가 즐거운 일이 되게 해야 한다.

책 읽기를 좋아하는 아이로 키우는 10가지 팁

1. 아이가 좋아할 만한 주제를 골라 책을 읽어준다

책을 선정할 때는 아이의 읽기 수준(아이 또래의 평균 수준이 아니라)과 같거나 그 위의 수준으로 고른다. 읽기 수준은 일 년에 두 번 읽기 능력 시험 본 것을 가지고 파악한다. 부모는 아이의 읽기 시험 점수를 알고 있어야 한다. 잘 모르겠으면 아이 담임에게 물어보라. 읽기 실력이 약한 아이들은 해당 학년 평균 수준보다 읽기 성적이 낮다. 도서관이나 서점에서는 보통 책을 학년별로 분류해놓는다.

아이에게 조금 어려운 책을 읽어주면 새로운 단어의 의미를 추론하는 능력을 키울 수 있다. 듣고 배우는 능력도 향상되어 외국어 학습에도 도움이 된다. 그러나 아이의 현재 읽기 능력보다 3학년 이상 높은 수준의 책은 고르지 마라. 동생들도 똑같은 책을 읽어달라고 조르면 다른 책을 읽으라고 타이르다가 계속 고집하면 그냥 읽어줘라. 책 읽는 재미를 유지시키는 게 더 중요하다.

2. 조금 낮은 수준으로 책을 골라준다

아이가 혼자 읽으려고 할 때는 현재 읽기 수준과 같거나 그 아래 수준으로 책을 골라라. 몰라서 걸리적거리는 단어가 적을수록 독서가 재밌다. 단어에 신경 쓰기보다는 내용을 즐길 수 있는 책을 골라줘라. 하지만 좋아하는 책이 있다면 그냥 읽도록 둬라. 독서 습관을 기르면 읽기 능력이 저절로 향상된다.

3. 자기 전에 30분씩 침대에서 책을 읽도록 하라

많은 아이들, 특히 품행불량 아동은 잘 시간에 자려고 하지 않는다. 늦은 시간까지 깨어 있고 싶어한다. 아이들이 그림 그리기나 장난감 가지고 놀기 같은 다른 일을 해도 되느냐고 물어보면 간단하게 안 된다고 대답하라. 이 시간에는 오로지 읽기만 허용한다. 글을 읽기가 어려운 나이일 때부터 그림책을 읽어줘서 자기 전에 책을 읽는 습관을 들일 수 있다. 아이들이 자기 전에 읽는 책은 아이의 읽기 수준보다 낮은 것을 고른다. 잠자리에서 읽는 책이나 즐기려고 읽는 책은 교과서처럼 딱딱한 것이 아니라 쉽고 재미있어야 한다.

4. 격주로 아이를 도서관에 데리고 가라.

도서관 나들이를 특별하게 만들어라. 도서관 가는 날은 아이가 기대로 가득찬 신나는 날로 만들어라. 도서관을 아이들이 좋아하는 장소가 되게 하라. 좋아하는 책을 고르게 해라. 새로운 주제를 골라보도록 권유하되 강제로 시키지는 마라. 역시 약간 쉬운 수준으로 고르는 것이 좋다.

5. 어린이 잡지나 신문을 구독하라

주소란에 자기 이름이 있는 우편물을 받으면 아이들은 매우 좋아할 것이다. 아이들이 혼자 하거나 부모와 함께 할 수 있는 즐거운 활동을 소개한 어린이 잡지가 많다.

6. 만화책도 좋다

만화책은 완전히 건전하다. 만화책이 읽기 능력을 저해한다는 소문을 믿지 마라. 아이들이 좋아하면 만화책도 읽기를 즐거운 일로 만드는 데 도움이 될 수 있다. 그렇지만 어떤 만화는 위험하고 폭력적이다. 재미있고 아이 연령대에 맞는 만화를 찾자.

7. 아이와 할 말이 없을 때 무슨 책을 읽었는지 물어보라.

그러나 그런 대화를 강요하지 마라. 자신이 읽은 것에 대해서 신나게 이야기한다면 잘 들어주고 독서의 즐거움을 함께 나누어라.

8. 아이만의 책장을 만들어주자

여유가 되면 아이들이 읽고 즐길 수 있는 책을 사주고 아이를 위한 책장을 만들어줘라. 그리고 책을 소중히 다루도록 가르쳐라.

9. 부모 스스로 책 읽는 모습을 많이 보여줘라

부모 스스로 시간을 내어 책을 읽고 아이에게 모범을 보여라. 저녁에 텔레비전을 끄고 온 가족이 모여서 책을 읽어라. 우리 가족은 저녁마다 시간을 정해 놓고 책을 읽는다. 한 아들은 내 무릎에 누이고 다른 녀석은 내 어깨에 기댄다. 나는 이 시간을 좋아하고 아이들도 좋아하는 것 같다.

10. 집안 곳곳에 잡지를 둬라

잡지는 아이들이 보기에도 적절한 것으로 골라라.

우리의 목표는 아이가 인생에서 매일매일 책을 즐기도록 키우는 것이다. 밤에 아이 방을 몰래 들여다보았는데 아이가 잘 시간에 손전등으로 책을 비춰가며 읽는 모습을 보았다면 조용히 물러나서 웃어라. 목표를 달성한 것이다.

당신의 아이가 ADHD라면
알약 대신 무한한 사랑을 주세요

3년 전 이맘때가 생각난다. 보육교사기 보내준 동영상 속의 내 아이는 다른 아이들과는 달리 책상 밑에 들어가 있었다. 여기저기 뛰어다니느라 단체 사진 속에서도 아이의 모습을 찾을 수 없었다.

난 수중분만을 하였고, 18개월까지 모유 수유를 하였다. 아이가 세 살 때까지 재택근무와 육아, 집안일을 병행해야 했기에 보모의 도움을 받았다. 그러나 1년에 한 번씩 보모가 바뀌었다.

그 후 건강이 나빠져 친정어머니가 아이를 데려가 돌보았고, 아이와 주말에 한 번씩 만났다. 아이가 다니는 어린이집 교사와 전화 통화를 하던 중 교사는 내게 "어머니가 직접 아이를 돌보셔야 될 것 같다"는 이야기를 전했다.

책상 밑에 들어가 있는 아이, 뛰어다니느라 단체 사진 속에 흔들리는 모습으로 들어가 있는 아이의 모습을 보고 나는 충격을 받았다. 곧장 아이를 데리고 가서 발달 검사를 받는데, 정서와 지능의 차이가 크다는 결과가 나왔다. 의사와 심리치료사는 아이는 부모가 돌보는 것이 더 나을 것 같다는 조언을 해주었고, ADHD 진단을 내리기에는 아직 아이가 어리다고 하였다.

그리고 여섯 살 때 어린이집 교사가 아이와 눈 맞춤이 어렵다고 하여 다시 한번 발달 검사를 받았다. 검사 결과 또래 아이들보다 사회성 발달이 늦은 것으로 나왔다. 가족을 그린 그림에는 엄마의 눈은 없었고 입만 크게 그려져 있었다. 그리고 자화상에는 팔이 없었다. 할머니의 과잉보호로 먹고 입는 것 등 모든 것을 스스로 해볼 기회가 없었던 아이에게는 팔이 필요치 않았던 것이고, 아이를 가르치면서 자주 꾸중을 했던 엄마의 모습은 큰 입으로 대변되었던 것이다.

　　그렇게, 3년 전 내게 ADHD는 신문이나 방송에 나오는 남의 일이 아니라 바로 내 아이의 문제였다. 그래서 ADHD에 관한 모든 자료와 책을 찾아 읽었다. 그러다 이 책을 알게 되었다. 이 책을 읽으면서 아이를 제대로 키우려면 나와 남편의 인격과 삶이 변해야 한다는 깨달음을 얻었고, 아이가 설령 ADHD 진단을 받더라도 약을 먹이지 않겠다고 결심했다.

　　아이가 어렸을 때 내게 우울증이 찾아왔고, 잦은 부부 싸움으로 이혼의 위기를 겪기도 했다. 그러나 아이가 남편과 나를 살렸고, 나는 삶에서 진정으로 중요한 것이 무엇인지에 눈뜨게 되었다. 무엇보다도 아이 덕분에 사람의 마음, 인간의 영혼을 움직이는 것은 바로 사랑이며, 사랑은 함께 오랜 시간을 보내는 것이며, 늘 곁에 있는 것임을 깨닫게 되었다.

　　지금 아이는 눈 마주침도 잘하고, 또래 아이들과도 잘 어울리는 편이다. 그리고 산만함도 많이 줄어 차분하게 책상 앞에 앉아 수업을 받는다. 1년간 놀이치료를 받으면서 아이가 바뀌기를 기대하기보다는 부모인 나 자신을 바꾸려고 노력하였고, 언제나 아이 마음을 먼저 헤아리려 하였다. 그리고 무엇보다 아이와 단단한 신뢰 관계를 만들기 위해 노력하였다.

　　이제는 아이가 무슨 생각을 하는지 어떤 마음인지를 알기 위해 아이의 눈을 들여다보고 행동을 바라보는 시간이 많아졌다. 행복한 아이는 결코

산만하지도 공격적이지도 않다. 자신을 충분히 알아주고 온전히 받아주는 부모가 곁에 있는 아이는 ADHD라는 진단을 받지 않으며, 약물도 필요치 않다.

만약 3년 전 그때의 나와 같은 처지에 있는 부모들이 이 책을 읽게 된다면, 아이와 마음을 나누는 관계를 만드는 것이 ADHD의 치료제라고 말해주고 싶다. 아이들의 언어는 몸이다. 산만한 아이에게는 편안히 나무 그늘에 앉아 쉴 수 있는 마음의 여유를 주고, 공격적인 아이에게는 자기 마음을 바라보고 다스릴 수 있는 시간을 주자. 오랜 기다림과 인내 끝에 찾아온 아이들의 변화는 분명 팍팍한 삶에 단비가 될 것이다. 부모로서 느끼는 그러한 기쁨은 결코 알약 한 알이 가져다줄 수 없는 것이다.

_ **김자영**

ADHD 진단을 받으면 아동의 선택에 의해서가 아닌 보호자의 판단에 따라 아이의 약물 복용이 시작된다. 그러나 약물 복용은 필수가 아닌 선택이다. 현재 우리나라의 경우 여러 아동발달센터 및 심리치료센터를 통해 약물 복용 없이 행동을 개선할 수 있다. 약물 치료 없이 도움을 받을 수 있는 곳은 아래와 같으며, 새로운 정보가 입수되는 대로 이곳에 싣도록 하겠다.

국내

포모나자연의원(대표 원장 : 서재걸)
www.pomonaclinic.co.kr (02-517-4300)

목동행복한심리치료센터
http://www.wehappy.or.kr/

ADHD 치료연구소 – 학습장애,다리꿈치료대안학교
http://cafe.naver.com/adhdroom

해외

정신의학과 심리학 연구를 위한 국제 센터(ICSPP)
www.icspp.org
www.breggin.com
이 기관은 피터 R. 브레긴 박사가 설립하고 운영하고 있다.

참고문헌

Abramowitz, A. J., & O'Leary, S. G. (1991). Behavioral interventions for the classroom: Implications for students with ADHD. *School Psychology Review*, 20, 220-234.

Alston, C. Y. & Romney, D. M. (1992). A comparison of medicated and nonmedicated attention deficit disordered hyperactive boys. *Acta Paedopsychiatrica International Journal of Child and Adolescent Psychiatry*, 55, 65-70.

Amen, K. G., Paldi, J. H., & Thisted, R. A. (1993). Brain SPECT imaging. *Journal of the American Academy of Child and Adolescent Psychiatry*, 32, 1080-1081.

American Psychiatric Association. (1994). *Diagnostic and statistical manual of mental disorders* (4th ed.). Washington, DC: Author.

Arnold, L. E., Kleykamp, K., Votolato, N., Gibson, R. A. (1994). Potential link between dietary intake of fatty acids and behavior: Pilot exploration of serum lipids in attention deficit hyperactivity disorder. *Journal of Child and Adolescent Psychopharmacology*, 4, 171-182.

Auci, D. L., (1997). Methylphenidate and the immune system. *Journal of the American Academy of Child and Adolescent Psychiatry*, 36, 1015-1016.

Axelrod, S., (1974). *Behavior modification for the classroom teacher*. New York: McGraw-Hill.

Balthazor, M. J., Wagner, R. K., & Relham, W. E., (1991). The specificity of the effects of stimulant medication on classroom learning-related measures of cognitive processing for attention deficit disorder children, *Journal of Abnormal Child Psychology*, 19, 35-52.

Barkley, R. A., (1981) *Hyperactive children: A handbook for diagnosis and treatment*. New York: Guilford Press.

_____, (1987). *Defiant children: A clinician's manual for parents training*. New York: Guilford Press.

_____, (1990). *ADHD: A handbook for diagnosis and treatment*. New York: Guilford Press.

_____, (1991). Attention deficit hyperactivity disorder. *Psychiatric Annals*, 21, 725-733.

_____, (1992a). *ADHD: What can we do?* New York: Guilford Press(video).

_____, (1992b). *ADHD: What do we know?* New York: Guilford Press(video).

_____, (1995). *Taking charge of ADHD: The complete authoritative guide for parents*. Nebraska: Boys Town Press.

Beck, A. (1988). *Love is never enough*. New York: HarpreCollins.

Becker, W. C., (1971). *Parents are teachers: A child management program*. Champaign, IL: Research Press.

Berkow, R., & Beers, M., Edition. (1997). *The Merck manual of medical information: Home edition. Rahway*, NJ: Merck Research Laboratories.

Berne, E., (1964). *Games people play*. New York: Grove Press.

Blackman, J. A., Westervelt, V. D., Stevenson, R., & Welch, A. (1991). Management of preschool children with attention dificit hyperactivity disorder. *Topics in Early Childhood Special Education*, 1(1), 91-104.

Block, M. A., (1996). *No more Ritalin: Treating ADHD without drugs*. New York: Kensington Books.

Braswell, L., & Bloomguist, M. (1991). *Cognitive-behavioral therapy with ADHD children: Child, family, and school intervention*. New York: Guilford Press.

Braughman, F. A. (1997, August 6). Drugging normal kids. *The Farmville Herald*, pp. 1-2.

Breggin, G. R., & Breggin, P. R. (1995). The hazards of treating "attention deficit hyperactivity disorder" with methylphenidate (Ritalin). *Journal of College Student Psychotherapy*, 10(2), 55-72.

Breggin, P. R. (1998). *Talking back to Ritalin: What doctors aren't telling you about stimulants for children.* Monroe, ME: Common Courage Press."

Brooks, R. (1991). *The self-esteem teacher.* Circle Pines, MN: American Guidance Service.

Brown, D. G. (1972) *Behavior modification in children, school and family.* Champaign, IL: Research Press.

Busch, B. (1993). Attention deficits: Current concepts, controversies, management and approaches to classroom instruction. *Annals of Dyslexia*, 43, 5-25.

Capute, A., Neidermeyer, F. & Richardson, F. (1974). The electroencephalogram in children with minimal cerebral dysfunction. *Pediatrics*, 41(1), 104-111, 114.

Carlson, C. L., & Bunner, M. R. (1993). Effects of methylphenidate on the academic performance of children with ADHD and learning disabilities. *School Psychology Review*, 22, 184-198.

Carlson, C. L., Pelham, W. E. Milich, R., & Dixon, J. (1992). Single and combined effects of methylphenidate and behavior therapy on the classroom performance of children with attention deficit hyperactivity disorder. *Journal of Abnormal Child Psychology*, 20, 213-232.

Castellanos, F. X., Giedd, J. N., Eckburg, P., Marsh, W. L., Vaituzis, C., Kaysen, D., Hamburger, S. D., & Rapoport, J. (1994). Quantitative morphology of the caudate nucleus in attention deficit hyperactivity disorder. *American Journal of Psychiatry*, 151, 1791-1796.

Chopra, D. (1993). *Ageless body, timeless mind.* New York: Random House.

Clements, S. D., Peters, J. (1962). Minimal brain dysfunction in the school-age child. *Archives of General Psychiatry*, 6, 185-197.

Danforth, J. S., Barkley, R. A., & Stokes, T. F. (1991). Observations of parent-child interactions with hyperactive children: Research and clinical implications. *Clinical Psychology Review*, 11, 703-727.

Davison, L. C., & Neal, J. M. (1994). *Abnormal Psychology* (6th ed.). New york: Wiley.

DeRisi, W. J., & Butz, G. (1975). Writing behavior contracts: *A case simulation and practice manual.* Champaign, IL: Research Press.

DiTraglia, J. (1991). Methylphenidate protocol: Feasibility in a pediatric practice manual. *Clinical Pediatrics*, 30, 656-660.

Dobson, J. (1978). *The strong-willed child.* Wheaton, IL: Tyndale House.

Drug Enforcement Administration. (1996, December 10-12). *Conference report: Stimulants use in the treatment of ADHD.* Washington, DC: DEA/U.S. Department of Justice.

DuPaul, G. J. (1991). Attention deficit hyperactivity disorder: Classroom intervention strategies. *School Psychology International*, 12, 85-94.

DuPaul, G. J., & Barkley, R. A. (1993). Behavioral contributions to pharmacotherapy: The utility of behavioral methodology in medication treatment of children with ADHD. *Behavior Therapy*, 24, 47-65.

DuPaul, G. J., & Barkley, R. A., & McMurray, M. B. (1991). Therapeutic effects of medication on ADHD: Implications for school psychologists. *School Psychology Review*, 20, 203-219.

DuPaul, G. J., Guevremont, D. C. & Barkley, R. A. (1992). Behavioral treatment of attention deficit hyperactivity disorder in the classroom: The use of attention training system. *Behavior Modification*, 16, 204-225.

Durkheim, E. (1912). *The elementary focus of religious life.* New York: Macmillan.

Erk, R. R. (1995). The conundrum of attention deficit disorder. *Journal of Mental health Counseling*, 17, 131-145.

Ernst, K. M., Liebenauer, L., King, A. C., & Gitzgerald, G. A. (1994). Reduced brain metabolism in hyperactive girls. *Journal of the American Academy of Child and Adolescent Psychiatry*, 33, 858-868.

Ernst, K. M., Zametkin, A. J., Matochik, J. A. & Liebenauer, L. (1994). Effects of intravenous dextroamphetamine on brain metabolism in adults with attention deficit hyperactivity disorder. *Psychopharmacology Bulletin*, 30, 219-225.

Feld, S. L. (1991). Why your friends have more friends than you do. *American Journal of Sociology*, 96(C)(1), 464-1477.

Finn, J. D., Achilles, C., Bain, H., & Folger, J. (1990). Three years in a small class. *Teaching and Teacher Education*, 6(2), 127-136.

Fowler, M. (1993). CH.A.D.D. educators manual: as in-depth look at attention deficit disorders from an educational perspective. Plantation, FL: CH.A.D.D.

Fowler, M. (1993). *May be you Know My kid*. New York: Carol.

France, K. G. (1993). Management of infant sleep disturbance: A review. *Clinical Psychology Review*, 13, 635-647.

Fromm, E. (1956). *The art of loving*. New York: HarperCollins.

Garber, S. W., Garber, M. D., & Spezman, R. F. (1996). *Beyond Ritalin: Facts about medication and other strategies for helping children, adolescents, and adults with attention deficit disorder*. New York: Harper Perennial.

Ghosh, S., & Chattopadhyay, P. K. (1993). Application of behavior modification techniques in treatment of attention deficit hyperactivity disorder: A case report. *Indian Journal of Clinical Psychology*, 20, 124-129.

Gibson, W. (1957). *The miracle worker: A play for television*. New York: Knots.

Giedd, J. N., Castellanos, F. X., Casey, B. J., Kozuch, P., King, C., Hamburger, S., & Rapoport, J. (1994). Quantitative morphology of the corpus callosum in attention deficit hyperactivity disorder. *American Journal of Psychiatry*, 151, 665-669.

Glasser, W. (1965). Reality therapy: A new approach to psychiatry. New York: HarperCollins.

Golden, G. S. (1974). Gilles de la Tourette's Syndrome following methylphenidate administration. *Developmental Medicine and Child Neurology*, 16, 76-78.

Goldstein, S., & Goldstein, M. (1989). *Why won't my child pat attention?* UT: Neurology, Learning and Behavior Center(video).

Goldstein, S., & Goldstein, M. (1990). *Educating inattentive children*. UT: Neurology, Learning and Behavior Center(video).

Goldstein, S., & Goldstein, M. (1992). *Hyperactivity: Why won't my child pat attention?* New York: Wiley.

Gordon, M. (1991). *ADHD/Hyperactivity: A consumer's guide*. New York: GSI Publications.

Gordon, M., Thomason, D., Cooper, S., & Ivers, C. L. (1991). Nonmedical treatment of ADHD/Hyperactivity: The attention training system. *Journal of School Psychology*, 29, 151-159.

Gordon, T. (1970). *P.E.T. Parent effectiveness training: The tested new wat to raise responsible children*. New York: Peter H. Wyden.

Graziano, A. M., & Namaste, K. A. (1990). Parental use of physical force in child discipline: A survey of 679 college student. *Journal of Interpersonal Violence*, 5, 449-463.

Greenberg, G., & Horn, W. (1991). ADHD: *Questions and answers*. Champaign, IL: Research Press.

Greenblatt, J. M., Huffman, L. C., & Reiss, A. L. (1994). Folic acid in neurodevelopment and child psychiatry. *Progress in Neuropsychopharmacology and Biological Psychiatry*, 18, 647-660.

Greenhill, L. L. (1989). Treatment issues in children with attention deficit hyperactivity disorder. *Psychiatric Annals*, 19, 604-613.

Gross, M. B., & Wilson, W. C. (1974). Intelligence, academic achievement and EEG abnormalities in hyperactive children. *American Journal of Psychiatry*, 131, 391-395. In I. B. Weiner (1992), Child and adolescent psychopathology. New York: Wiley.

Guffey, D. G. (1992). Ritalin: What educators and parents should know. *Journal of Instructional Psychology*, 19, 167-169.

Gullo, D. F. & Burton, G. B. (1992). The effects of social class, class size, and prekindergarten experience on early school adjustment. *American Educational Research Conference*, San Francisco.

Hallowell, E. M., & Rutey, J. J. (1994). *Driven to distraction: Recognizing and coping with attention deficit disorder from childhood through adulthood.* New York: Pantheon Press.

Harris, T. (1969). *I'm OK-You're OK: A practical guide to transaction analysis.* New York: HarperCollins.

Heilman, K. M., Voller, K. K., & Nadeau, S. E. (1991). A possible pathophysiologic substrate of attention deficit hyperactivity disorder. *Journal of Child Neurology.* 6, S76-S81.

Hetchman, L. (1986). Attention deficit disorder. *Current pediatric Therapy*, 12, 21-23.

Horn, W. F., Ialongo, N. S., Pascoe, J. M., & Greenberg, G. (1991). Additive effects of psychostimulants, parent training, and self-control therapy with ADHD children. *Journal of the American Academy of Child and Adolescent Psychiatry*, 30, 233-240.

Houlihan, M., & VanHouten, R. (1989). Behavioral treatment of hyperactivity: A review and overview. *Education and Treatment of Children*, 12, 265-275.

Hunter, D. (1995). *The Ritalin-free child: Managing hyperactivity and attention deficits without drugs.* Ft. Lauderdale, FL: Consumer Press.

Ialongo, N. S., Lopez, M., Horn, W. F. & Pascoe, J. M. (1994). Effects of psychostimulant medication on self-perceptions of competence, control, and mood in children with ADHD. *Journal of Clinical Child Psychology*, 23, 161-173.

Ingersoll, B. (1988). *Your hyperactive child: A parent's guide to coping with attention deficit disorder.* New York: Doubleday.

Ingersoll, B., & Goldstein, S. (1996). *Attention deficit disorder and learning disabilities: Realities, myths and controversial treatments.* New York: Bantam Doubleday Dell.

International Narcotics Board. (1996). *Report for 1996.* (United Nations Publications No. E.97XI.3). Vienna, Austria: Author.

Jensen, G. D., & Womack, M. G. (1967). Operant conditioning techniques applied in the treatment of an autistic child. *American Journal of Orthopsychiatry*, 37, 30-34.

Jensen, L. L., & Kington, M. (1986). *Parenting.* Austin, TX: Holt, Rinehart and Winston.

Johnson, C. M., Yehl, J. F., & Stack, J. M. (1989). Compliance training in a child with attention deficit hyperactivity disorder: A case study. *Family Practice Research Journal*, 9, 73-80.

Johnson, D. J., & Myklebust, H. R. (1967). *Learning disabilities: Educational principles and practices.* New York: Grune & Stratton.

Johnson, C., & Finem, S. (1993). Methods of evaluating methylphenidate in children with ADHD: Acceptability, satisfaction and compliance. *Journal of Pediatric Psychology*, 18, 717-730.

Jung, C. (1928). *Contributions to analytical psychology.* Orlando, FL: Harcourt Brace.

Kelly, K., & Ramundo, P. (1992). *You mean I'm not lazy, stupid or crazy?!.* New York: Scribner.

Kendall, P. C. (1996). *Cognitive therapy with children.* Workshop presented in Richmond, Virginia.

Kendall, P. C. & Braswell, L. (1982). Cognitive-behavioral self-control therapy for children: A components analysis. *Journal of Consulting and Clinical Psychology*, 50, 672-690.

_____ (1985). *Cognitive-behavioral therapy for impulsive children.* New York: Guilford Press.

_____ (1993). *Cognitive-behavioral therapy for impulsive children*(2nd ed.). New York: Guilford Press.

Kendall, P. C., & Raber, M. (1987). Reply to Abickoff and Gittleman's evaluation of cognitive training with medicated hyperactive children. *Archives of General Psychiatry*, 8, 77-79.

Kesler, J. W. (1988). *Psychopathology of childhood* (2nd ed.). Englewood Cliffs, NJ: Prentice Hall.

Klorman, R., Brumaghim, J. T., Fitzpatrick, P. A., & Borgstedt, A. D. (1994). Clinical and cognitive effects of methylphenidate on children with ADD as a function of aggressive/oppositionality and age. *Journal of Abnormal Psychology*, 103, 206-221.

Lader, M. (1983). *Introduction psychopharmacology*. MI: Upjohn.

Lahat, E., Avital, E., Barr, J., Berkovich, M., Arlazoroff, A., & Aladjem, M. (1995). BAEP studies in children with attention deficit disorder. *Developmental Medicine and Child Neurology*, 37, 119-123.

Larzelere, R. E. (1993). Response to Oosterhuis: Empirically justified uses of spanking: Toward a discriminating view of corporal punishment. *Journal of Psychology and Theology* 21, 142-147.

Latham, P. S., & Latham, P. H. (1993). *Attention deficit disorder and the law*. Washington, DC: JKL Communications.

Levine. D. (ED.) (1965). *Nebraska symposium on modification*. Lincoln: University of Nebraska Press.

Levy, F. (1989). CNS stimulant controversies. *Australian and New Zealand Journal of Psychiatry*, 23, 497-502.

_____ (1991). The dopamine theory of attention deficit hyperactivity disorder. *Australian and New Zealand Journal of Psychiatry*, 25, 277-283.

Lewinsohn, P. M., & Rosenbaum, M. (1987). Recall of parental behavior by acute depressives, remitted depressives, and nondepressives. *Journal of Personality and Social Psychology*, 52(3), 611-619.

Lucker, J. R., & Molloy, A. T. (1995). Resource for working with children with attention deficit/hyperactivity disorder. *Elementary School Guidance and Counseling*, 29, 260-277.

Malone, M. A., & Swanson, J. M. (1993). Effects of methylphenidate on impulsive responding in children with ADHD. *Journal of Child Neurology*, 8, 157-163.

Martin, G., & Pear, J. M. (1993). *Behavioral modification*: What it is and how to do it (3rd ed.). Englewood Cliffs, NJ: Prentice Hall.

Maslow, A. H. (1962). *Toward a psychology of being*. New York: Van Nostrand.

Mathieu, J. F., Ferron, A., Dewar, K. M., & Reader, T. A. (1989). Acute and chronic effects of methylphenidate on cortical adrenoreceptors in the rat. *European Journal of Pharmacology*, 162, 173-178.

Matier, K., Halperin, J. M., & Sharma, V. (1992). Methylphenidate response in aggressive and nonaggressive ADHD children: Distinction in laboratory measures of symptoms. *Journal of the American Academy of Child and Adolescent Psychiatry*, 31, 219-225.

Matochik, J. A., Liebenauer, L. L., King, A. C., & Szymanski, H. V. (1994). Cerebral glucose metabolism in adults with attention deficit hyperactivity disorder after chronic stimulant treatment. *American Journal of Psychiatry*, 151, 658-664.

Mayberg, H. (1998, May 27). *Today*. New York: National Broadcasting Network.

McCain, A. P., & Kelley, M. L. (1993). Managing the classroom behavior of an ADHD preschooler: The efficacy of a school-home note intervention. *Child and Family Behavior Therapy*, 15, 33-44.

Miller, A. R. (1992). ADHD and research methodology. *Journal of the American Academy of Child and Adolescent Psychiatry*, 31, 17-122.

Miller, D. L., & Kellet, M. L. (1992). Treatment acceptability: The effects of parent gender, marital adjustment, and child behavior. *Child and Family Behavior Therapy*, 14, 11-23.

Mischel, W. (1968). *Personality and assessment*. New York: Wiley.

Molchan, S. E., Sunderland, T. M., Matochik, J. A., Zametkin, A. J. (1995). Effects of scopolamine on human brain glucose consumption. *neruopsychopharmacology*, 12, 175-276.

Moore, T. (1992). *Core of the soul*. New York: HarperCollins.

Nasrallah, H., Loney, J., Olsen, S., McCalley-Whitters, M., Kramer. J., & Jacoby, C. (1986). Cortical Attrophy in young adults with a history of hyperactivity in childhood. *Psychiatry Research*, 17, 241-246

Nathan, W. A. (1992). Integrated Multimodal Therapy of children with attention deficit hyperactivity disorder, *Bulletin of the Menninger Clinic*, 56, 283-321

Newby, R. F. (1996). Parent training for children with attention-deficit/hyperactivity disorder. In *The Hatherleigh guide to psychiatric disorder*(pp. 190-220). New York: Hatherleigh Press.

Palmer, P. J. (1998). *The courage to teach: Exploring the inner landscape of a teacher's life*. San Francisco: Jossey-Bass.

Parker, H. (1992). *The ADAPT program*. Plantation, FL: Specialty Press.

_____ (1992). *The ADD hyperactivity handbook for schools*. Plantation, FL: Specialty Press.

_____ (1994). *The ADD hyperactivity workbook for parents, teachers, and kids*. Plantation, FL: Specialty Press.

_____ (1990). *Listen, look and think. Plantation*, FL: Specialty Press.

_____ (1991). *The goal card program. Plantation*, FL: Specialty Press.

Patterson, G. R. (1971). *Families: Applications of social learning to family life*. Champaign, IL: Research Press.

_____ (1968). *Living with children: New methods for parents and teachers*. Champaign, IL: Research Press.

Pelham, W. E. (1993). Pharmacotherapy for children with ADHD. *School Psychology Review*, 22, 199-227.

Pelham, W. E., Carlson, C. L., Sams, S. E., & Vallano, G. (1993). Separate AND combined effects of methylphenidate and behavior modification on boy with ADHD in the classroom. *Journal of Consulting and Clinical Psychology*, 61, 506-515.

Pelham, W. E., Murphy, D. A., Vannatta, K., & Milich, R. (1993). Methylphenidate and attributions in boys with ADHD. *Annual Progress in Child Psychiatry and Child Development*, 242-265.

Phelan, T. (1984). *All about attention deficit disorder*. Glen Ellyn, IL: Child Management.

_____ (1984). *All about attention deficit disorder*. Glen Ellyn, IL: Child Management (video).

_____ (1984). *1-2-3 magic! Training your preschoolers and preteens to do what you want*. Glen Ellyn, IL: Child Management(video).

_____ (1991). *Surviving your adolescents*. Glen Ellyn, IL: Child Management(video).

Physicians' Desk Reference. (1997). Oradell, NJ: Medical Economics Co.

Pitts, C. E. (1971). *Operant conditioning in the classroom*. New York: Crowell.

Premack, D. (1965). Reinforcement theory. In D. Levine (ed.), Nebraska Symposium on Motivation, 29, 123-188. Lincoln: University of Nebraska Press.

Quay, H. C., & Werry, J. S. (1986). *Psychopathological disorders of childhood* (3rd ed.). New York: Wiley.

Rao, J. K., Julius, J. R., Blethen, T, J., & Breen, T. J. (1997) Idiopathic growth hormone deficirncy and attention deficit disorder (ADD): Effect of methylphenidate and pemoline on GH therapy: The National Cooperative Growth Study Results.

Reichenberg-Ullman, J., & Ullman, R. (1996). *Ritalin-free kids: Safe and effective homepathic medicine for ADD other behavioral and learning problems*. Rocklin, CA: Prima.

Rief, S. (1993). *How to reach and teach ADD/ADHD children*. New York: Center for Applied Research in Education.

Rogers, C. R. (1951). *Client-centered therapy: Its current practice, implications, and theory.* Boston: Houghton Mifflin.

Rubin, N. (1989, February). The truth about creativity. *Parents*, 64, 111-112.

Sarason, I. G. Sarason, B. R. (1989). *Abnormal psychology* (6th ed.) Englewood Cliffs, NJ: Prentice Hall.

Satterfield, J., Cantwell, D., Sayl, R., & Yusin, A. (1974). *Minimal brain dysfunction: A clinical study on incidenc, diagnosis and treatment in over 1,000 children.* New Youk: Brunner/Mazel.

Schwartz, S. & Johnsonn, J. H. (1985). *Psychopathology of childhood: A clinical experimental approach* (2nd ed.). New York: Pergamon.

Sedvall, G. (1992). The current status PET scanning with respect to schizophrenia. *Neuropsychopharmacology*, 7(1), 41-54.

Seligman, L. (1995). *DSM-IV: Diagnosis and treatment planning.* Virginia: American Counseling Association (audiotape).

Selye, H. (1976). *The stress of life.* New York: McGraw-Hill.

Shue, K. L., & Douglas, V. I. (1992). Attention deficit hyperactivity disorder and the frontal lobe syndrome. *Brain and Cognition*, 20, 104-124.

Silver, L. (1993). *Dr. Larry Silver's advice to parents on attention deficit hyperactivity disorder.* Washington, DC: American Psychiatric Press.

_____ (1984). *The misunderstood child*: A guide for parents of LD children. New York: McGraw-Hill.

Silverman, H. M., Simon, G. I. (1992). *The pill book* (5th ed.) New York: Bantam.

Silverstein, J. M., & Allison, D. B. (1994). The comparative efficacy of antecedent exercise and methylphenidate: A single case randomized trial. Chile Care, *Health and Development*, 20, 47-60.

Solanto, M. V. (1990). Increasing difficulties with age in ADHD children. *Journal of Development and Behavior Pediatrics*, 11, 27.

Stein, D. B. (1990). *Controlling the difficult adolescent: The REST program* (the Real Economy System for teens). Lanham, MD: University Press of America.

Steiner, C. M. (1974). *Scripts People live.* New York: Random House.

Still, G. F. (1902). The Coulstonian lectures on some abnormal physical conditions in children. *Lancet*, 1, 1008-1082.

Strassberg, Z., Dodge, K. A., Pettit, G. S., & Bates, J. E. (1994). Spanking in the home and children's subsequent aggression toward kindergarten peers. *Development and Psychopathology*, 6a, 445-461.

Straus, A., & Lehtiner, l. W. (1947). P*sychopathology and education of the brain impaired child.* New York: Grune & Stratton.

Swanson, J. M., McBurnett, K., Wigal, T., & Pfiffner, L. J. (1993). Effect of stimulant medication on children with ADD: A review of reviews. *Exceptional Children*, 60, 154-161.

Taylor, M. J., Voros, J. g., Logan, W. J., & Malone. M. A. (1993). Changes in event-related potentials with stimulant medications in children with ADHD. *Biological Psychology*, 36, 139-156.

Thoreau, H. D. (1854). *Walden: Life in the woods.* Boston: Tichnor & Fields.

van Bilsen, H., Kendall, P. C., & Slavenburg, J. H. (1995). *Behavioral approaches for children and adolescents: Challenges for the next century.* New york: Plenum.

van der Vlugt, H., Pijenburg, H. M., Wels, P. M. A., & kong. A. (1995). Cognitive behavior modification of ADHD: A family system approach. In H. van Bilsen, P. C. Kendall, and J. H. Slavenburg, *Behavioral approaches for children and adolescents: challenge for the next century* (pp. 67-65). New York: Plenum.

Weber, K. S., Frakenberger, W., & Heilman, K. (1992). The effects of Ritalin on the academic achievement of children diagnosed with attention deficit hyperactivity disorder. *Developmental Disabilities Bulletin*, 20, 49-68.

Webster-Stratton, C. (1990). Enhancing the effectiveness of self-administered videotape parent training for families with conduct-problem children. *Journal of Abnormal Child Psychology*, 18, 479-492.

Weil, A. M., & Rosen, W. (1983). *Chocolate to morphine: Understanding mine-active drugs*. Boston: Houghton Mifflin.

Weiner, I. B. (1982). *Child and adolescent psychopathology*. New York: Wiley.

Weiss. L. (1992). *Attention deficit disorder in adults*. Dallas, TX: Taylor.

Wenar, C. (1994). *Developmental psychopathology: From infancy through adolescence* (3rd ed.). New York: McGraw-Hill.

Wedner, P. H. (1987). *The hyperactive child, adolescent, and adult: Attention deficit disorder through the life span*. New York: Oxford University Press.

Whalen, C. K., & Henker, B. (1991). *Therapies for hyperactive children: Comparisons, combinations, & compromises, Journal of Consulting & Clinical Psychology*, 59, 126-137.

Wilens, T. E., & Biederman, J. (1992). The stimulants. Pediatric *Psychopharmacology*, 15, 191-222.

Witters, W., Venturelli, P., & Hanson, G. (1992). *Drugs and society* (3rd ed.). Boston: Johns & Bartlett.

Wright, J. W. (1997). *Do we really need Ritalin?*: A family guide to attention deficit hyperactivity disorder (ADHD). New York: Avon.

Wright, L. (1978). *Parentpower*. New York: Psychological Dimensions.

Yudolsky, S. C., Hales, R. E., & Ferugson, T. (1991). *What YOU need Know about psychiatric drugs*. New York: Ballantine.

Zametkin, A. J., Liebenauer, L. L., Gitzgerald, G. A., & King, A. C. (1993). Brain metabolism in teenagers with attention deficit hyperactivity disorder. *Archives of General Psychiatry*, 50, 333-340.

Zimbardo, P. G. (1977). *Shyness, what it is, what to do about it*. Reading, MA: Addison-Wesley.

Zimbardo, P. G., & Radl, S. (1981). *The shy child*. New York: McGraw-Hill.

옮긴이_ 윤나연

성균관대학교 정치외교학과를 졸업하였다. 선문대학교 통번역대학원 한영과를 졸업한 뒤 현재 프리랜서 번역가로 활동하고 있다.

ADHD는 병이 아니다

개정2판 1쇄 인쇄 | 2024년 8월 12일
개정2판 1쇄 발행 | 2024년 8월 19일

지은이	데이비드 B. 스테인
옮긴이	윤나연
펴낸이	강효림

기획편집	김자영
편 집	곽도경·지태진
디자인	주영란

종 이	한서지업(주)
인 쇄	한영문화사

펴낸곳	도서출판 전나무숲 檜林
출판등록	1994년 7월 15일·제10-1008호
주 소	10544 경기도 고양시 덕양구 으뜸로 130 위프라임트윈타워 810호
전 화	02-322-7128
팩 스	02-325-0944
홈페이지	www.firforest.co.kr
이메일	forest@firforest.co.kr

ISBN | 979-11-93226-49-0 (13590)

전나무숲 건강편지를
매일 아침, e-mail로 만나세요!

전나무숲 건강편지는 매일 아침 유익한 건강 정보를 담아 회원들의 이메일로
배달됩니다. 매일 아침 30초 투자로 하루의 건강 비타민을 톡톡히 챙기세요.
도서출판 전나무숲의 네이버 블로그에는 전나무숲 건강편지 전편이 차곡차곡
정리되어 있어 언제든 필요한 내용을 찾아볼 수 있습니다.

http://blog.naver.com/firforest

'전나무숲 건강편지'를 메일로 받는 방법
forest@firforest.co.kr로 이름과 이메일 주소를 보내주시거나
왼쪽의 QR코드 링크로 신청해주세요.
다음 날부터 매일 아침 건강편지가 배달됩니다.

유익한 건강 정보,
이젠 쉽고 재미있게 읽으세요!

도서출판 전나무숲의 티스토리에서는 스토리텔링 방식으로 건강 정보를
제공합니다. 누구나 쉽고 재미있게 읽을 수 있도록 구성해, 읽다 보면
자연스럽게 소중한 건강 정보를 얻을 수 있습니다.

http://firforest.tistory.com

스마트폰으로 전나무숲을 만나는 방법

네이버 블로그   티스토리 블로그